# Berechnung der Wasserspiegellage beim Wechsel des Fließzustandes

Untersuchungen aus dem Flußbaulaboratorium
der Technischen Hochschule zu Karlsruhe

von

Dipl.-Ing. PAUL BÖSS.

Von der Bad. Technischen
Hochschule »Fridericiana«
in Karlsruhe

zur

Erlangung der Würde eines
Doktor-Ingenieurs genehmigte

## DISSERTATION.

Tag der mündlichen Prüfung 16. Juli 1918.

Referent: Geh. Oberbaurat *Prof.* Dr.-Ing. h. c. *Th. Rehbock.*
Korreferent: Geheimer Rat *Professor Ernst Brauer.*

Karlsruhe 1919.
J. Langs Buchdruckerei, Waldstraße 13.

Erscheint gleichzeitig im Verlage von Julius Springer, Berlin.

ISBN-13: 978-3-642-47133-9        e-ISBN-13: 978-3-642-47408-8
DOI: 10.1007/978-3-642-47408-8

# Inhaltsverzeichnis.

# Literaturverzeichnis.


1. Th. Rehbock. Betrachtungen über Abfluß, Stau und Walzenbildung bei fließenden Gewässern und ihre Verwertung für die Ausbildung des Überfalles bei der Untertunnelung der Sihl durch die linksufrige Seebahn in der Stadt Zürich. Berlin 1917. Verlag von J. Springer.

2. Th. Rehbock. Die festen Wehre. Handbuch der Ing.-Wissenschaften. III. Teil, II. Band, 1. Abteilung. 4. Aufl. Leipzig 1912.

3. Th. Rehbock. Das Problem des Brückenstaues. (Erscheint Frühjahr 1920 im Verlage von J. Springer.)

4. J. F. Bubendey. Praktische Hydraulik. Handbuch der Ing.-Wissenschaften. III. Teil, I. Band, III. Kapitel. Leipzig 1911.

5. A. Budau. Lehrbuch der Hydraulik. Wien und Leipzig 1913.

6. H. Engels. Handbuch des Wasserbaues. Leipzig-Berlin 1914.

7. E. Feifel. Über die veränderliche, nicht stationäre Strömung in offenen Gerinnen, insbesondere über Schwingungen in Turbinen-Triebkanälen. Berlin 1915.

8. Ph. Forchheimer. Hydraulik. Leipzig-Berlin 1914.

9. H. Hochschild. Versuche über die Strömungsvorgänge in erweiterten und verengten Kanälen.

10. Keck. Vorträge über Mechanik. 3. Aufl. 1909. 2. Teil.

11. H. Krey. Fahrt der Schiffe auf beschränktem Wasser.

12. M. Möller. Ungleichförmige Wasserbewegung. Zeitschrift des Arch. u. Ing.-Vereins Hannover 1894 u. 1896.

13. Th. Rümelin. Wie bewegt sich fließendes Wasser? Dresden 1913.

14. F. Schaffernak. Ermittelung des Wasserspiegelgefälles offener Gerinne. Österr. Wochenschrift f. d. öffentl. Baudienst. 1916.

15. R. Weyrauch. Hydraulisches Rechnen. Stuttgart 1915.

# Vorwort.

Die vorliegende Arbeit entstand während meiner Tätigkeit als Assistent am Flußbaulaboratorium der Bad. Technischen Hochschule zu Karlsruhe. In dieser Stellung hatte ich Gelegenheit, unter der Leitung des Herrn Geh. Oberbaurat Professor Rehbock, welchem das Flußbaulaboratorium unterstellt ist, viele Untersuchungen selbständig durchzuführen und die von diesem der praktischen Hydraulik neu gewiesenen Wege kennen zu lernen. Diese beruhen vor allem in der Erkenntnis der großen Bedeutung, welche die Wasserwalzen auf die Abflußerscheinungen und den Energiehaushalt eines Wasserstromes ausüben und in der Erklärung der Unregelmäßigkeiten in der Wasserspiegellage bei bestimmten Querschnittsänderungen infolge des auftretenden Wechsels in der Fließart des Wassers.

Die verschiedenen Fließarten des Wassers, die Professor Rehbock mit dem Namen »Strömen« und »Schießen« benannt hat, sind unter anderen Bezeichnungen bereits bekannt und in den Lehrbüchern theoretisch behandelt. Die im Karlsruher Flußbaulaboratorium durchgeführten Versuche haben jedoch dazu geführt, bis dahin unverständliche Unregelmäßigkeiten bei gewissen Änderungen in den Querschnittsgrößen des Bettes aus dem auftretenden Wechsel in der Fließart des Wassers zu erklären, was sich auch schon für den praktischen Wasserbau als nützlich erwiesen hat.

Diese Untersuchungen hat Professor Th. Rehbock im I. Teil seines Buches: »Betrachtungen über Abfluß, Stau und Walzenbildung bei fließenden Gewässern«[1]) eingehend erläutert. Durch

---

[1]) Betrachtungen über Abfluß, Stau und Walzenbildung bei fließenden Gewässern und ihre Verwertung für die Ausbildung des Überfalles bei der Untertunnelung der Sihl durch die linksufrige Seebahn in der Stadt Zürich. Berlin 1917. Verlag von Julius Springer.

diese grundlegenden Fragen beim Abfluß des Wassers ergeben sich dem praktischen Wasserbau noch eine Fülle von neuen Aufgaben in der genaueren Untersuchung einzelner Erscheinungen. Eine dieser Aufgaben ist in der vorliegenden Arbeit behandelt, die sich mit der Berechnung von Wasserspiegellinien für solche Fälle befaßt, bei denen die bisherige Berechnungsart mit den Formeln für den ungleichförmigen Abfluß des Wassers versagt. Die Untersuchungen sind zunächst auf theoretischem Wege ausgeführt, und zum Beweise der Richtigkeit mit den im hiesigen Laboratorium aufgenommenen Wasserspiegellinien verglichen. Es wird sich zeigen, daß sich eine äußerst genaue Übereinstimmung mit der theoretischen Berechnung ergab.

Herrn Geh. Oberbaurat Th. Rehbock, meinem hochverehrten Lehrer und Chef, bin ich zu verbindlichem Dank verpflichtet dafür, daß er mich im Laboratorium zu allen wasserbaulichen Fragen und Untersuchungen mit herangezogen hat, und mir dadurch manche wertvolle Anregung zu dieser Arbeit gab.

# Zweck und Umfang der Arbeit.

Während wohl in allen größeren Lehrbüchern des praktischen Wasserbaues die verschiedensten Berechnungsarten von Wasserspiegellinien aufgeführt und genau erläutert sind, findet sich nirgends eine solche für den Übergang des Wassers durch die theoretische Grenztiefe oder kritische Tiefe, wie sie bisher meist genannt wurde. So schreibt z. B. »Bubendey« im Handbuch der Ingenieurwissenschaften,[1] daß zwar die Stau- und Senkungsrechnung durchaus nicht in allen Fällen anwendbar sei, aber außer der Festlegung der Grenzen ihrer Anwendbarkeit finden sich keine weiteren Angaben, wie eine solche Rechnung dann praktisch zu bewerkstelligen ist. Wie nun die im Karlsruher Flußbaulaboratorium anläßlich verschiedener Gutachten ausgeführten Versuche ergeben haben, treten solche Fälle auch im praktischen Wasserbau sehr oft auf, und gehören durchaus nicht zu den Seltenheiten. Da nun der höchste Zweck aller Wissenschaft der ist, künftige Erscheinungen vorauszubestimmen,

---

[1] Handb. d. Ing.-Wissensch. 4. Aufl., Bd. I, Kap. III, S. 551 ff.

so erscheint es unbedingt nötig, auch für diese selteneren Fälle, bei denen die bisherige Berechnungsart versagt, Formeln und Berechnungsmöglichkeiten aufzufinden und theoretisch genauer zu untersuchen. Von diesen Erwägungen ausgehend, ist die vorliegende Arbeit entstanden.

Es handelt sich also zunächst darum, alle Möglichkeiten der Übergänge des Wassers von der einen Fließart in die andere näher zu untersuchen und dann diejenigen Fälle festzustellen, die bisher einer Berechnung nicht ohne weiteres zugänglich waren. Daran anschließend ist zunächst auf Grund theoretischer Betrachtungen der Gang der Berechnung hierfür abgeleitet und schließlich das Ergebnis mit der Wirklichkeit verglichen worden. Daraus erhellt schon, daß es sich bei allen diesen Betrachtungen nur um solche Fälle handelt, die einer rein mathematischen Behandlung auf Grund unserer jetzigen Kenntnis der Wasserbewegungslehre zugänglich sind, die sich also streng nach den Gesetzen des Wasserabflusses unter Reibung vollziehen und somit keiner besonderen nur durch Versuche zu ermittelnden Beiwerte bedürfen, wie es z. B. der Fall ist, wenn neben dem eigentlichen Wasserstrom im Flußbett Wasserwalzen vorhanden sind, in denen das Wasser sich in geschlossenen Ringbahnen bewegt.

# I.
# Allgemeines über den Abfluß des Wassers.

Die Bewegungen des Wassers in offenen Wasserläufen werden eingeteilt in:

A. Stationäre Bewegungen.

B. Nicht stationäre Bewegungen.

Im Folgenden sollen nur die ersteren näher untersucht werden. Stationäre Bewegungen sind solche Bewegungen des Wassers, bei denen sich in einem bestimmten Querschnitt die Geschwindigkeit mit der Zeit nicht ändert, bei denen demnach:

$$\frac{du}{dt} = 0 \text{ ist.}$$

Innerhalb der stationären Bewegung kann man wiederum den stationär gleichförmigen, den stationär beschleunigten und den stationär verzögerten Abfluß unterscheiden. Die in vorliegender Arbeit behandelten Probleme gelten für diese 3 Arten der Flüssigkeitsbewegung. Bei jeder dieser 3 Bewegungsarten kann wiederum das Wasser strömend oder schießend zum Abfluß gelangen, wenn man von der gleitenden oder Laminar-Bewegung des Wassers absieht, da dieselbe in den natürlichen Flüssen nicht aufzutreten pflegt. Beim strömenden Abfluß liegt der Wasserspiegel oberhalb der theoretischen Grenztiefe und damit die Geschwindigkeit unterhalb der Wellengeschwindigkeit, während beim schießenden Abfluß der Wasserspiegel unterhalb der theoretischen Grenztiefe liegt und die Wassergeschwindigkeit die Wellengeschwindigkeit übersteigt. Es ergeben sich mithin für die stationäre Bewegung überhaupt folgende Abflußmöglichkeiten:

I. Gleichförmiger Abfluß:
   a) Strömend,
   b) Schießend.

II. Beschleunigter Abfluß:
   a) Strömend,
   b) Schießend.

III. Verzögerter Abfluß:
    a) Strömend,
    b) Schießend.

Durch richtig gewählte Unstetigkeiten des Flußbettes kann man jeden Übergang aus der einen in jede beliebige andere dieser 6 stationären Bewegungsarten des Wassers hervorrufen, woraus sich erklärt, daß der Abfluß des Wassers in den natürlichen Flüssen eine so mannigfache Gestaltung aufweist.

Die **stationär gleichförmige Bewegung** wird sich im allgemeinen nur in künstlichen Gerinnen mit durchaus stetigen Gefällen und Querschnitten bei gleichbleibender Rauhigkeit der Wandungen einstellen. Bei ihr ist in jedem betrachteten Querschnitt die Geschwindigkeit mit der Zeit und mit dem Weg konstant. Es ist mithin:

$$\frac{du}{dt} = 0 \text{ sowie } \frac{du}{ds} = 0.$$

Der Wasserspiegel muß unter diesen Voraussetzungen parallel zur Sohle verlaufen.

Bei der **stationär beschleunigten Bewegung** bleibt zwar die Geschwindigkeit des Wassers in jedem einzelnen Querschnitt mit der Zeit konstant, sie nimmt jedoch in den Querschnitten flußabwärts an Größe zu. Diese Bewegung tritt auf, wenn sich das Bett flußabwärts allmählich verjüngt oder wenn der Wasserspiegel sich stromabwärts der Flußsohle nähert, d. h. nach einer Senkungslinie verläuft. In diesem Falle ist

$$\frac{du}{dt} = 0 \text{ jedoch } u = f(s).$$

Die **stationär verzögerte Bewegung** stellt sich im Gegensatz hierzu dann ein, wenn sich das Bett flußabwärts allmählich erweitert, oder wenn der Wasserspiegel nach einer Staulinie verläuft. Für diese Bewegungsart gelten dieselben allgemeinen Betrachtungen, wie für die stationär beschleunigte Bewegung.

Die in dieser Abhandlung durchgeführte Berechnung von Wasserspiegellinien bei der stationär beschleunigten oder stationär verzögerten Bewegung kann sich nur auf solche Fälle beziehen, bei denen die Querschnitts- und Geschwindigkeitsänderungen durchaus stetig und derart sind, daß der Wasserstrom stets den ganzen Querschnitt auszufüllen vermag.

Die **nicht stationäre Bewegung** entzieht sich der Berechnung mit den hier zu entwickelnden Formeln; es wird jedoch später auch von einem solchen Falle die Rede sein. Bei ihr ist die Geschwindigkeit in ein und demselben Querschnitt mit der Zeit veränderlich. Sie ist dann entweder eine Funktion der Zeit, oder sie hängt von ganz willkürlichen Einflüssen ab und entzieht sich somit überhaupt jeder mathematischen Behandlung.

## II.

# Allgemeine Berechnung von Wasserspiegellinien mittels der Bernoullischen Energie-Linie und die Ableitung der Formeln und Sätze für strömenden und schießenden Wasserabfluß.

### A. Der Bernoullische Satz.

Die Berechnung von Wasserspiegellinien beruht auf der Anwendung des Bernoullischen Satzes, der aussagt, daß für jeden Punkt eines Wasserlaufes die Summe aus:

1. seiner geodätischen Höhe,
2. der Wassersäulenhöhe, die bei offenen Gerinnen den in dem betreffenden Punkte herrschenden statischen Druck angibt,
3. der Geschwindigkeitshöhe, welche der in dem Punkt herrschenden Geschwindigkeit entspricht und
4. dem Druckhöhenverlust, welcher zur Überwindung der Widerstände bis zu diesem Punkt verbraucht ist,

stets konstant sein muß.

Mit Hilfe dieses Satzes, dessen nähere Bedeutung hier als bekannt vorausgesetzt werden soll, sind auch die zu der Berechnung des strömenden und schießenden Wasserabflusses erforderlichen Gesetze und Formeln abzuleiten, wobei allerdings eine Vereinfachung insofern vorgenommen wird, als für jeden Punkt die gleiche Geschwindigkeit, nämlich die mittlere Abflußgeschwindigkeit des ganzen Querschnittes, angenommen ist.

Von grundlegender Bedeutung für die Berechnung ist es zunächst zu wissen, ob es sich um den „strömenden" oder um den „schießenden" Wasserabfluß handelt. Da bei ersterem die Wassergeschwindigkeit kleiner als die Wellengeschwindigkeit ist, so könnte sich der Einfluß irgend einer Unstetigkeit des Flußbettes sowohl flußaufwärts als auch flußabwärts fortpflanzen. Es wird sich jedoch bei den späteren Ausführungen zeigen, daß eine Beeinflussung der unterhalb einer Unstetigkeit liegenden

Flußstrecke bei strömendem Wasser nicht möglich ist, da dann die Berechnung stets auf einen Widerspruch hinauskommen würde. Bei schießendem Wasserabfluß liegen die Verhältnisse dagegen ohne weiteres klar, es kann sich hier, da die Wassergeschwindigkeit größer als die Wellengeschwindigkeit ist, nach oben überhaupt keinerlei Einfluß geltend machen, vorausgesetzt allerdings, daß die Unstetigkeit nicht derart ist, daß der schießende Abfluß in den strömenden übergeht. Es ergibt sich mithin, daß man bei strömendem Wasser flußaufwärts, bei schießendem Wasser dagegen flußabwärts von einer Unstetigkeit des Flußbettes aus die Rechnung durchführen muß, da die Festlegung des Wasserspiegels stets nur von einer bekannten Höhenlage eines Punktes des Wasserspiegels ausgehen kann. Handelt es sich dagegen lediglich um Rauhigkeitseinflüsse und sind in dem Flußbett keine Unstetigkeiten, wie sie durch Wehre, Schwellen, Abstürze oder dergleichen hervorgerufen werden, vorhanden, so ist es gleichgültig, nach welcher Richtung man von einem bekannten Punkte aus die Berechnung durchführt, da die Rauhigkeits- und Geschwindigkeitsgefälle bei stetigem Abfluß in den Formeln selbst zum Ausdruck kommen und sich in beiden Fällen richtig ergeben müssen.

## B. Die stationäre gleichförmige Bewegung des Wassers.

Jede Berechnung von Wasserspiegellinien läuft darauf hinaus, zwischen zwei Querschnitten das absolute Spiegelgefälle zu ermitteln, um auf diese Weise schließlich ein Längenprofil des ganzen Wasserspiegels zu erhalten.

Es soll nun zunächst die stationär gleichförmige Bewegung untersucht werden. In einem stetigen Bett mit gleichbleibender Wassermenge stellt sich bekanntlich die Tiefe t ein nach der Beziehung der Geschwindigkeitsformel für den gleichförmigen Abfluß:

$$u = c\, \sqrt{R \cdot J} \quad \text{oder} \quad \frac{Q}{F} = c\, \sqrt{\frac{F}{p} \cdot J},$$

in der die Werte F (Querschnittsfläche) und p (benetzter Umfang) durch die Wassertiefe t ausgedrückt werden müssen. Die Ableitung dieser Formel darf ebenfalls als bekannt vorausgesetzt werden. Auch schon für den einfachsten Fall eines rechteckigen

— 9 —

Flußquerschnittes ergibt die Auflösung nach »t« eine Gleichung 3. Grades. Es empfiehlt sich daher, die Auflösung durch Proberechnungen vorzunehmen.

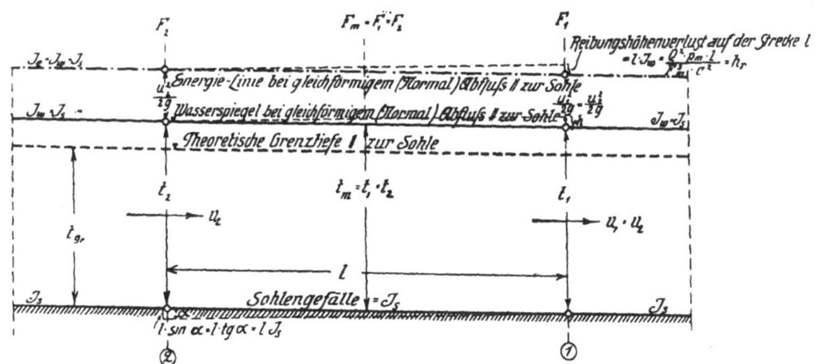


Abb. 1. Schematische Darstellung des stationär gleichförmigen (Normal)-Abflusses bei stetigem Flußbett für strömenden Wasserabfluß.

Da $t_2 = t_1$ ist und $u_2 = u_1$, so hat die Bernoullische Energie-Linie das nämliche Gefälle wie die Sohle. Da aber die Energie-Linie auf Grund ihrer Konstruktion und des Bernoullischen Satzes stets das reine Reibungsgefälle darstellt, so heißt dies, daß auf der Strecke zwischen den Querschnitten 1 und 2 genau so viel Gefälle für Reibungsarbeit verbraucht wird, als die Sohle und der Wasserspiegel Gefälle besitzen. Von einer eigentlichen Berechnung des Wasserspiegels im Sinne dieser Abhandlung kann daher in diesem Fall garnicht gesprochen werden, denn mit der Auffindung der Tiefe t des Wasserlaufes ist die ganze Berechnung erledigt. Wenn dieser Fall trotzdem zur Darstellung gebracht wurde, so geschah dies hauptsächlich deshalb, um einige immer wiederkehrende Bezeichnungen festzulegen. Der stationär gleichförmige Abfluß, der sich in jedem stetigen Flußbett als Funktion der Wassermenge, des Gefälles und der Rauhigkeit der Wandungen schließlich einstellen muß, soll als „Normalabfluß" bezeichnet werden. Dieser kann natürlich je nach dem Gefälle und der Rauhigkeit des Bettes wiederum strömend oder schießend erfolgen, stets aber muß die Energie-Linie, der Wasserspiegel und die Sohle das nämliche Gefälle besitzen. Da in anderen Fällen die Beziehungen dieser 3 Gefälle untereinander für die Berechnung von großem Wert und teilweise sogar von ausschlaggebender Bedeutung sind, so ist auch hierfür eine einheitliche Bezeichnung durchgeführt worden. Das Gefälle der Sohle wurde mit $J_s$, dasjenige des Wasserspiegels mit $J_w$ und dasjenige der Energie-Linie mit $J_e$ benannt. Der Normalabfluß kennzeichnet sich somit durch die einfache Gleichung

$$J_s = J_w = J_e$$

## C. Die Ableitung der Formeln für die stationär beschleunigte und die stationär verzögerte Bewegung sowie die Beziehungen zwischen den 3 Bewegungsarten.

Das Gefälle der Energie-Linie muß auch in diesem Fall auf Grund ihrer Konstruktion das reine Reibungsgefälle des Wasserspiegels wiedergeben.

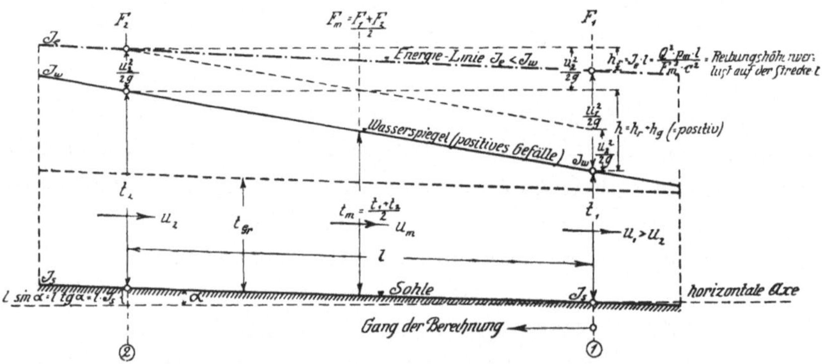


Abb. 2. Schematische Darstellung des stationär beschleunigten Abflusses für strömendes Wasser. Das Wasserspiegelgefälle muß stets positiv sein.

Es soll nun für die Bestimmung der Wasserspiegellage beim beschleunigten Abfluß der Bernoullische Satz zur Anwendung kommen, zu welchem Zweck die wagerechte Axe durch den Schnittpunkt der Sohle mit dem Querschnitt 1 gelegt worden ist. Damit ergibt sich für die beiden verglichenen Querschnitte 1 und 2:

$$l \cdot J_s + t_2 + \frac{u_2^2}{2g} = t_1 + \frac{u_1^2}{2g} + l \cdot J_e$$

worin $J_e$ stets das Reibungsgefälle oder das Gefälle der Energie-Linie bedeutet.

Daraus folgt: $l \cdot J_s + t_2 - t_1 = \dfrac{u_1^2}{2g} - \dfrac{u_2^2}{2g} + l \cdot J_e$

Die linke Seite dieser Gleichung stellt aber das gesuchte absolute Wasserspiegelgefälle zwischen den Querschnitten 1 und 2 dar.

Schreibt man die Gleichung in der Form:

$$\frac{u_1^2}{2g} - \frac{u_2^2}{2g} = h - 1 \cdot J_e$$

so ergibt sich folgendes:

Für $1 \cdot J_e < h$ wird $\dfrac{u_1^2}{2g} - \dfrac{u_2^2}{2g}$ positiv d. h. $u_1 > u_2$

Für $1 \cdot J_e = h$ wird $\dfrac{u_1^2}{2g} - \dfrac{u_2^2}{2g} = 0$    d. h. $u_1 = u_2$

Für $1 \cdot J_e > h$ wird $\dfrac{u_1^2}{2g} - \dfrac{u_2^2}{2g}$ negativ d. h. $u_1 < u_2$

Mithin tritt auf:

(1a) bei $1 \cdot J_e < h$ beschleunigte Bewegung

(1b)  „  $1 \cdot J_e = h$ gleichförmige Bewegung

(1c)  „  $1 \cdot J_e > h$ verzögerte Bewegung.

In der Gleichung

$$h = \frac{u_1^2 - u_2^2}{2g} + 1 \cdot J_e$$

muß nun noch der Wert $J_e$ berechnet werden. Nimmt man zwischen den beiden Querschnitten 1 und 2 keine allzugroße Entfernung an, so kann das Reibungsgefälle auf der Strecke 1 als konstant angesehen und der Mittelwert für die beiden Querschnitte in die Rechnung eingeführt werden. Es wird dann:

$$u = c \sqrt{R \cdot J_e} \qquad \text{woraus } J_e = \frac{u^2}{c^2 \cdot R}$$

Setzt man für $u$ und $R$ die Werte $\dfrac{Q}{F_m}$ und $\dfrac{F_m}{p_m}$ ein, so erhält man:

$$J_e = \frac{Q^2}{F_m^2 \cdot c^2 \cdot \dfrac{F_m}{p_m}} = \frac{Q^2 \cdot p_m}{F_m^3 \cdot c^2}$$

worin $F_m = \dfrac{F_1 + F_2}{2}$ und $p_m = \dfrac{p_1 + p_2}{2}$ ist.

Mithin geht die gesamte Gleichung für $h$ über in:

(2)
$$\boxed{h = \frac{u_1^2 - u_2^2}{2g} + \frac{Q^2 \cdot p_m \cdot 1}{F_m^3 \cdot c^2}}$$

Diese Gleichung gilt für beschleunigten wie auch für verzögerten Wasserabfluß.

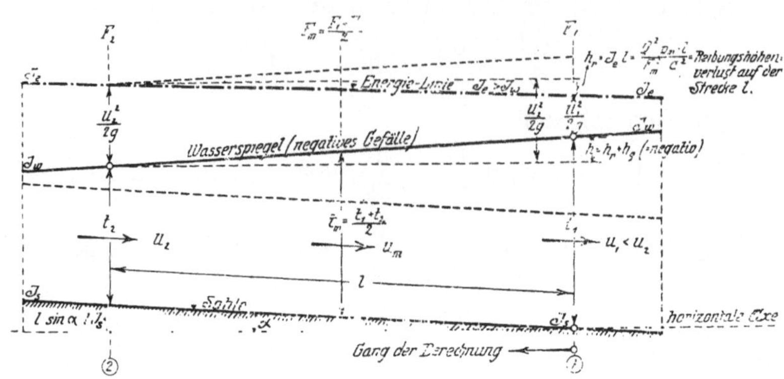


Abb. 3. Schematische Darstellung des stationär verzögerten Abflusses für strömendes Wasser. Das Wasserspiegelgefälle kann negativ (wie dargestellt) oder positiv sein.

Beachtet man nun, daß

$$h = l \cdot J_w \text{ ist,}$$

worin $J_w$ das Wasserspiegelgefälle darstellt, und setzt diesen Wert in die Gleichungen (1a) bis (1c) für h ein, so geht daraus hervor, daß auftritt:

(3a) bei $l \cdot J_e < l \cdot J_w$ oder $J_e < J_w$ beschleunigter Abfluß

(3b) „ $l \cdot J_e = l \cdot J_w$ „ $J_e = J_w$ gleichförmiger Abfluß

(3c) „ $l \cdot J_e > l \cdot J_w$ „ $J_e > J_w$ verzögerter Abfluß

oder in Worten:

(3a) Bei beschleunigtem Wasserabfluß ist das Gefälle der Energie-Linie kleiner als das Wasserspiegelgefälle.

(3b) Bei gleichförmigem Wasserabfluß (Normalabfluß) ist das Gefälle der Energie-Linie gleich dem Wasserspiegelgefälle.

(3c) Bei verzögertem Wasserabfluß ist das Gefälle der Energie-Linie größer als das Wasserspiegelgefälle.

Diese Sätze gelten sowohl für strömendes als auch für schießendes Wasser.

## D. Die Energie-Linie und ihre Anwendung auf die Berechnung.

Es wurde bereits gesagt, daß sich im Gefälle der Energie-Linie das wirkliche Reibungsgefälle wiederspiegelt. Es ist daher durchaus falsch in der Formel

$$u = c \sqrt{R \cdot J}$$

einfach das Wasserspiegelgefälle oder das Sohlengefälle einzuführen, sondern es muß das Gefälle der Energie-Linie unter der Wurzel stehen, welches allerdings in diesem Falle, da die Formel für den gleichförmigen Wasserabfluß abgeleitet ist, mit dem Wasserspiegel- und dem Sohlengefälle übereinstimmt. Vielfach wird behauptet, daß das maßgebende Rauhigkeitsgefälle sich zwar bei beschleunigter Bewegung durch das Gefälle der Energie-Linie darstellt, nicht aber bei verzögerter Wasserbewegung.[1])

Diese Behauptung ist aber unrichtig. Sie könnte nur ganz ausnahmsweise einmal zutreffen und zwar dann, wenn sich bei Querschnittsänderungen Wasserwalzen einstellen. Solche Walzen können die Erweiterung des Bettes für den wirklichen Wasserstrom unwirksam machen, indem sie einen Teil des erweiterten Bettes ausfüllen und dadurch diesen dem Wasserstrom entziehen, wobei durch vermehrte Reibungsarbeit ein Teil der beim verzögerten Abfluß freiwerdenden Energie verzehrt wird. Aus dem Umstand, daß sich bei der verzögerten Bewegung viel leichter als bei der beschleunigten Bewegung solche Walzen bilden, erklärt sich wohl die Entstehung der oben wiedergegebenen Ansicht. Dabei wird aber übersehen, daß es sich bei der mathematischen Berechnung von Wasserspiegellinien überhaupt nur um solche Fälle handeln kann, bei denen keinerlei Walzen auftreten, da über die Reibungsverluste in einem Wasserstrom, der von Walzen begrenzt oder überlagert ist, bis heute jegliche Anhaltspunkte fehlen. Schon deshalb könnte die Rechnung in solchen Fällen keine richtigen Ergebnisse liefern. Über die energieverzehrende Wirkung der Deck-Walzen hat Prof. Rehbock in seinen neuesten Untersuchungen einige Versuche und Berechnungen angeführt. Es scheint auch wahrscheinlich, daß die Reibungsverluste eines durch Seitenwalzen begrenzten Wasser-

---

[1]) Vergl. Schaffernack. Österr. Wochenschrift f. d. öffentl. Baudienst. Jahrg. 1916 S. 552.

stromes bedeutend größer als diejenigen eines durch Uferwände begrenzten Flusses ausfallen werden.

Zum Beweise, daß bei beschleunigter und auch bei verzögerter Bewegung das Energie-Linien-Gefälle das maßgebende Reibungsgefälle darstellt, seien 2 Beispiele angeführt, die auch später bei den Berechnungen des öfteren herangezogen werden müssen. Die Beispiele stützen sich auf Versuche, welche im Karlsruher Flußbaulaboratorium ausgeführt worden sind.

In einer rechteckigen Rinne von 40 cm Sohlenbreite und einem Gefälle von 1 : 500 kamen 10,00 l/sec. zum Abfluß. Bei einem Modellmaßstabe von 1 : 100, wie er bei den in dieser Schrift angeführten Versuchen angenommen wurde, entsprechen diese Werte, auf die Wirklichkeit übertragen, einer Sohlenbreite von 40,00 m und einer Wassermenge von $Q = 1000$ cbm/sec. Es wurde nun zunächst der Wasserspiegel aufgenommen, der sich bei freiem Abfluß einstellt. Es ergab dies an einer bestimmten Stelle einen beschleunigten Abfluß mit folgenden für die betrachtete Länge sich ergebenden Mittelwerten: $t_m = 4,60$ m, $u_m = 5,435$ m/sec., $p_m = 49,20$ m, $F_m = 184$ m² und $R_m = 3,74$ m. Das Gefälle der Energie-Linie ermittelte sich auf Grund einer graphischen Auftragung zu $J_e = 0,00230$.

Es soll nun zunächst aus diesen Größen die Rauhigkeit des Modelles übertragen auf die Wirklichkeit berechnet werden.

Aus

$$u = c \sqrt{R \cdot J_e} \qquad \text{folgt}$$

$$c = \frac{u_m}{\sqrt{R_m \cdot J_e}} = \frac{5.435}{\sqrt{3.74 \cdot 0,0023}} = 58.60$$

Den Rauhigkeitsbeiwert n in der Formel von Ganguillet und Kutter:

$$c = \frac{23 + \dfrac{1}{n} + \dfrac{0.00155}{J_e}}{1 + \dfrac{23 + \dfrac{0.00155}{J_e}}{\dfrac{1}{n} \cdot \sqrt{R}}}$$

erhält man am einfachsten, wenn man diese Formel nach $\dfrac{1}{n}$ auflöst. Die Auflösung der quadratischen Gleichung ergibt:

$$\frac{1}{n} = \frac{c - 23 - \dfrac{0.00155}{J_e}}{2} + \sqrt{\left(\frac{c - 23 - \dfrac{0.00155}{J_e}}{2}\right)^2 + \frac{\left(23 + \dfrac{0.00155}{J_e}\right)c}{\sqrt{R}}}$$

So umständlich diese Gleichung auch erscheinen mag, sie führt bedeutend schneller zu dem gesuchten Wert $\dfrac{1}{n}$ als ein probeweises Einsetzen geschätzter Werte in die ursprüngliche Formel.

Durch Einsetzung der Zahlenwerte erhält man:

$$\frac{1}{n} = \frac{58.60 - 23 - 0.674}{2} \pm \sqrt{17.463^2 + \frac{23.674 \cdot 58.60}{1.934}} = 49.463.$$

$$\text{und daraus } n = 0{,}0202$$

Für den beschleunigten Abfluß von 1000 cbm/sec. ergibt sich somit für das Flußbett ein Rauhigkeitsbeiwert von $n = 0{,}0202$, wobei alle Werte auf die Wirklichkeit bezogen sind.

Für dasselbe Bett und dieselbe Wassermenge wurde auch ein Wasserspiegel aufgenommen, der am Ende des Bettes durch eingesetzte Rechenstäbe angestaut war. Für diesen Fall ergab sich: $t_m = 8{,}15$ m, $u_m = 3{,}07$ m/sec., $p_m = 56{,}30$ m, $F_m = 326$ m², $R_m = 5{,}79$ m und das Gefälle der E.-Linie, durch Aufzeichnung ermittelt, $J_e = 0{,}00042$.

Es handelte sich hier im Gegensatz zu früher um eine stark verzögerte Wasserbewegung.

Der Wert c ermittelte sich hier zu:

$$c = \frac{3.07}{\sqrt{5.79 \cdot 0{,}00042}} = 62.30.$$

Daraus ergab sich:

$$\frac{1}{n} = \frac{62.30 - 23 - 3.7}{2} \pm \sqrt{17.8^2 + \frac{267 \cdot 62.20}{2.41}} = 49.50$$

$$\text{und } n = 0{,}0202.$$

Wie ersichtlich, ergibt sich der Wert n in beiden Fällen gleich groß. Dies ist aber wenigstens für den vorliegenden Fall ein einwandfreier Beweis, daß das Geschwindigkeitsgefälle sowohl bei beschleunigter als auch bei verzögerter Wasserbewegung voll zur Wirkung kommt, und daß somit das Reibungsgefälle dem Gefälle der Energie-Linie entspricht. Es ist aber dabei zu beachten, daß in beiden Fällen ein durchaus walzenfreier Abfluß vorhanden war. Dieser soeben aus den zwei Beispielen genau ermittelte Rauhigkeitsbeiwert $n = 0{,}0202$ ist sämtlichen

anderen Berechnungen und Beispielen für das betreffende Modell
zu Grunde gelegt worden. Es muß besonders darauf hingewiesen werden, daß die verwendeten Aufnahmen und die ange-
stellten Berechnungen ganz unabhängig von den späteren Ver-
gleichsbeispielen berechnet wurden, bei denen es sehr wesentlich auf die Größe des Rauhigkeitsbeiwertes ankommt. Die
Messungen erfolgten mit äußerster Schärfe.

Da bei Überwindung der Reibung stets potentielle Energie
in Wärme umgesetzt wird, diese aber niemals wieder zurück-
gewonnen werden kann, und da ferner dem sich selbst überlassenen Wasserstrom auch keine neue Energie von außen zugeführt
wird, so muß das Gefälle der Energie-Linie stets positiv sein.

Allerdings kann, wenn eine Nachsaugung stattfindet, die
Energie-Linie auf einer kurzen Länge ein negatives Gefälle, also
eine Energiezunahme aufweisen. Dieses negative Gefälle muß
aber bald durch ein größeres positives Gefälle wieder aufgehoben
werden, denn es handelt sich bei der Nachsaugung lediglich um
eine Konzentrierung der Energie an einer Stelle auf Kosten eines
größeren Energie-Verbrauches an einer anderen Stelle unterhalb.
Um sich über diesen Zusammenhang ein klares Bild zu machen,
kann man sich 2 Kugeln, die durch einen Faden verbunden sind,
über einen plötzlich stärkeren Gefällswechsel rollend denken. Auf
ein solches System ist ja ebenfalls der Bernoullische Satz im
Prinzip anwendbar. Kommt nun die erste Kugel auf die stärker
geneigte Ebene, so erteilt sie der zweiten, die noch auf der schwach
geneigten Ebene rollt eine plötzliche Energie-Zunahme, aber nur
auf Kosten ihrer eigenen Geschwindigkeit, die dadurch verlang-
samt werden muß. Der Verbindungsfaden der beiden Kugeln
wird beim Wasser durch die Zähigkeit ersetzt.

Aber auch diesen Fall muß man aus der Berechnung aus-
schalten, zumal er schwerlich einer mathematischen Behandlung
zugänglich sein würde. So wenig wie aber eine ganz plötzliche
Energiezunahme stattfinden kann, so wenig kann auch eine plötzliche Energie-Abnahme eintreten. Bei einem walzenlosen Abfluß kann die Energie-Linie infolgedessen niemals ein sprung-
haftes Gefälle aufweisen. Jede Vernichtung der Energie braucht,
wenn sie lediglich durch Reibungsarbeit hervorgerufen wird,
einen gewissen Weg. Es müssen also von vornherein alle diejenigen Wasserspiegelbilder falsch sein, die einen plötzlichen Sprung
der Energie-Linie in irgend einem Querschnitt bedingen würden.

Die Anwendung der auf Seite 11 entwickelten Formel (2) für das absolute Wasserspiegelgefälle

$$h = \frac{u_1^2 - u_2^2}{2g} + \frac{Q^2 \cdot p_m \cdot l}{F_m^3 \cdot c^2}$$

ist nun bei näherer Betrachtung recht umständlich. Die linke Seite dieser Gleichung, also der angenommene Wert des absoluten Wasserspiegelgefälles »h'« ist eine Funktion des Sohlengefälles $J_s$, und der beiden Wassertiefen in den Querschnitten 1 und 2 »$t_1$« und »$t_2$«. In den beiden Gliedern der rechten Seite stellen nur die Erdbeschleunigung »g«, die Wassermenge »Q« und der Abstand der beiden betrachteten Querschnitte »l« konstante Größen dar, während die anderen Glieder u, $p_m$ und $F_m$ ebenfalls von $J_s$, $t_1$ und $t_2$ abhängig sind. Dazu kommt noch der Wert des Geschwindigkeitsbeiwertes »c«, der außerdem noch von der Rauhigkeit des Bettes »n« beeinflußt wird.

Eine mathematische Auflösung der Gleichung nach einer dieser Veränderlichen, sodaß man sie allein aus den Unveränderlichen Q, $J_s$, l und n berechnen könnte, ist, wenn nicht ganz unmöglich, so doch mit einem bedeutend größeren Aufwand an Zeit und Arbeit verbunden, als die Ausführung der Rechnung auf dem Wege des Probierens. Von allen Formeln für die Berechnung von Wasserspiegeln ist diese jedoch die genaueste, da keinerlei Glieder vernachlässigt worden sind. Außer der Einführung des empirisch bestimmten Geschwindigkeitsbeiwertes »c« ist die Formel theoretisch abgeleitet, wobei nur solche Vereinfachungen in den Annahmen gemacht wurden, durch die eine Anwendung der heutigen Theorie über die Wasserbewegung auf praktische Fälle überhaupt erst ermöglicht wird.

Die Schwierigkeit der Proberechnung wird jedoch stark verringert, wenn man die Energie-Linie zu den Berechnungen mit heranzieht, wie es auch von Koch in Darmstadt empfohlen wurde und im weiteren stets geschehen ist. Zumal für die später behandelten, recht verwickelten Wasserspiegellinien ist die Beachtung der Eigenschaften der Energie-Linie und der daraus entwickelten Sätze fast unerläßlich.

Geht man z. B. bei strömendem Wasser in Abb. 2 von der Tiefe $t_1$ im Querschnitt $F_1$ aus, so kann man um einen angenäherten Wert für das absolute Wasserspiegelgefälle bis zum Querschnitt $F_2$ zu erhalten, zunächst annehmen, daß das Gefälle der E.-Linie für den mittleren Querschnitt $F_m$ die gleiche Größe hat wie für den Ausgangsquerschnitt $F_1$ oder bei weiterer Berechnung wie für den vorangegangenen mittleren Querschnitt. Auf diese Weise erhält man die ungefähre Höhenlage der E.-Linie im Querschnitt $F_2$ und damit einen angenäherten Wert für die Wassertiefe. Wie man eine solche Berechnung am einfachsten durchführen kann, wird im nächsten Abschnitt eingehend erläutert.

## E. Die mathematischen Beziehungen zwischen Energie-Linie, — theoretischer Grenztiefe, — strömendem und schießendem Wasserabfluß, — sowie ihre Anwendungen auf die Berechnung.

Die Geschwindigkeitshöhe für fließendes Wasser ist wie bekannt

$$k = \frac{u^2}{2g}$$

Hierin ist die ungleichmäßige Geschwindigkeitsverteilung im Querschnitt nicht berücksichtigt. Führt man dies in die Formel ein, so ergibt sich:

$$k = \frac{\alpha \cdot u^2}{2g} \quad \text{worin} \quad \alpha = \frac{\dfrac{1}{F} \displaystyle\int_0^F \dfrac{v^2}{2g}\, dF}{\dfrac{u^2}{2g}} \quad \text{ist,}$$

wenn $v$ die dem Flächenelement $dF$ zukommende Geschwindigkeit darstellt. Der Wert $\alpha$ wird demnach stets größer als 1 sein. Nach Rehbock[1]) besitzt er eine mittlere Größe von 1.09 und kann bei einem sehr glatten Bett bis auf 1.02 abnehmen. In den folgenden Berechnungen ist dieser Wert stets vernachlässigt worden. Würde man durchweg mit ein und demselben Wert für $\alpha$ rechnen, so hätte dies auf die Wasserspiegellage nur einen geringen Einfluß, da das Gefälle der Energie-Linie dadurch nur sehr wenig verändert würde. Die genaue Kenntnis des Wertes $\alpha$ hängt von der Geschwindigkeitsverteilung in den einzelnen Querschnitten ab, die sich aber bis heute unserer genauen Kenntnis entzieht. Selbst wenn der Wert $\alpha$ durch genaue Versuche für gerade stetige Flußstrecken ermittelt wäre, käme für eine Einengung, Erweiterung oder gar eine Flußkrümmung doch ein ganz anderer Wert

---

[1]) Festschrift 1917. S. 5 u. 6.

in Frage. Aus diesen Gründen ist eine Einführung dieses Wertes in die Rechnung nicht angebracht.

Die Höhenlage der Bernoullischen Energie-Linie über einem Punkt der Sohle wird dann:

$$H = \frac{u^2}{2g} + t$$

Diese im Grunde genommen recht einfache Gleichung muß nun noch etwas genauer betrachtet werden.

Mit $u = \dfrac{Q}{b \cdot t}$ für einen rechteckig begrenzten Querschnitt geht sie über in:

$$H = \frac{Q^2}{b^2 \cdot t^2 \cdot 2g} + t$$

Für eine bestimmte Wassermenge und eine bestimmte Flußbreite ist der Wert

$$\frac{Q^2}{b^2 \cdot 2g} = \text{constant} = C$$

Mithin $H = \dfrac{C}{t^2} + t$ oder

$$(4) \qquad H = \frac{C + t^3}{t^2}$$

Diese Funktion legt für einen angenommenen bezw. gegebenen Wert C die jedesmalige Höhenlage H der Energie-Linie für einen bestimmten Wert von t fest. Es läßt sich mathematisch nachweisen, daß diese Gleichung dritten Grades 3 reelle Wurzeln haben muß[1]), von denen eine negativ, die anderen beiden dagegen

---

[1]) Schreibt man die Gleichung in der Form: $t^3 - Ht^2 + C = 0$ und substituiert $t = y + \dfrac{H}{3}$ so erhält man: $y^3 - 3\left(\dfrac{H^2}{9}\right) y - 2\left(\dfrac{H^3}{27} - \dfrac{C}{2}\right) = 0$.

Jetzt entspricht die Gleichung der Form: $y^3 + 3py + 2q = 0$. Im Falle $q^2 + p^3 < 0$ hat eine solche Gleichung 3 reelle Wurzeln (casus irreducibilis), welche die Cardanschen Formeln in imaginärer Form liefern. Dieser Fall liegt hier vor, denn es wird $\left(\dfrac{H^3}{27} - \dfrac{C}{2}\right)^2 - \left(\dfrac{H^2}{9}\right)^3 < 0$, da der Wert $C = \dfrac{Q^2}{b^2 \cdot g}$ stets eine positive Größe sein muß, mithin das erste Glied stets kleiner als $\dfrac{H^6}{729}$ wird.

Betrachtet man nun die Gleichung $t^3 - Ht^2 \pm 0t + C = 0$ auf die Vorzeichen der 3 reellen Wurzelwerte, so ergibt sich nach dem Satz, daß bei einer Gleichung, die nur reelle Wurzeln haben kann, die Anzahl der positiven gleich der der Zeichenwechsel und die Anzahl der negativen gleich der der Zeichenfolgen ist, daß die Gleichung 2 positive und 1 negative Wurzel haben muß.

positiv sind. Der negative Wert von »t« hat keine praktische Bedeutung, dagegen stellen die beiden positiven Werte von »t« die Wassertiefe für den strömenden und den schießenden Abfluß dar.

Man erhält mithin für jede Höhenlage H der Energie-Linie 2 dazu gehörige Wassertiefen $t_o$ und $t_u$, wobei $t_o$ dem strömenden und $t_u$ dem schießenden Abfluß entsprechen soll.

Differenziert man die Gleichung

$$H = \frac{C + t^3}{t^2} \text{ so erhält man:}$$

$$\frac{dH}{dt} = 1 - \frac{2C}{t^3}$$

Um das Minimum des Wertes H zu finden, setzt man $\frac{dH}{dt} = 0$, bezw. $t^3 - 2C = 0$, woraus folgt:

$$t = \sqrt[3]{2C} \text{ oder mit } C = \frac{Q^2}{b^2 \cdot 2g}$$

$$(5a) \qquad t = \sqrt[3]{\frac{Q^2}{b^2 \cdot g}}$$

Für diesen Wert von t besitzt die H-Linie ein Min., d. h. es entspricht ihm der kleinst mögliche Wert von H, also. die tiefste Lage der Energie-Linie, bei welcher der Abfluß der Wassermenge Q noch möglich ist. Dieser Wert von t stellt für eine gegebene Höhe »H« der Energie-Linie über der Sohle die theoretische Grenztiefe oder die kritische Tiefe, wie sie meist genannt wird, dar. Sie wird von nun an mit $t_{Gr.}$ bezeichnet. Bei ihr tritt bekanntlich der Max.-Abfluß in einem Querschnitt bei gegebener Höhenlage der Energie-Linie ein, was sich auch ohne weiteres aus der Gleichung für Q ergibt. Diese Tatsache ist für die folgenden Ausführungen von grundlegender Bedeutung.

Wie gesagt ist dabei der Beiwert $\alpha$ vernachlässigt worden. Bei seiner Berücksichtigung würde sich ergeben:

$$H = \frac{u^2 \cdot \alpha}{2g} + t = \frac{Q^2 \cdot \alpha}{b^2 \cdot t^2 \cdot 2g} + t = \frac{C\alpha + t^3}{t^2}$$

Differenziert: $\frac{dH}{dt} = 1 - \frac{2C \cdot \alpha}{t^3}$ oder schließlich

$$(5b) \qquad t_{Gr.} = \sqrt[3]{\frac{\alpha \cdot Q^2}{b^2 \cdot g}}$$

Die Einführung des Wertes $\alpha$ in diese Gleichung würde also die theoretische Grenztiefe um den Wert

$$\sqrt[3]{\alpha} \quad \text{erhöhen.}$$

Berücksichtigt man, daß der Mittelwert von $\alpha$ auf 1.09 festgesetzt werden kann, so würde die theoretische Grenztiefe nur um das 1.03-fache, also um einen sehr kleinen Wert erhöht werden.

Setzt man nun den vorhin ermittelten Wert von

$$t_{Gr.} = \sqrt[3]{\frac{Q^2}{b^2 \cdot g}} = \sqrt[3]{2C}$$

in der ursprünglichen Gleichung (4) für H ein, so erhält man:

$$H = \frac{C + 2C}{(2C)^{2/3}} = 1.5 \cdot \sqrt[3]{2C} = 1.5 \sqrt[3]{\frac{Q^2}{b^2 \cdot g}}$$

Die Höhenlage der Energie-Linie ist mithin für diesen Fall

$$(6) \qquad H_{Gr.} = H_{min} = 1.5 \, t_{Gr.}$$

Da $H = k + t$ ist, so wird nunmehr die Geschwindigkeitshöhe

$$k = k_{Gr.} = 0{,}5 \, t_{Gr.} \quad \text{oder} \quad t_{Gr.} = 2 \, k_{Gr.}$$

mithin die Tiefe gleich der doppelten Geschwindigkeitshöhe.

In gleicher Weise wie für ein rechteckiges Bett läßt sich natürlich auch für jedes andere Flußbett die theoretische Grenztiefe ableiten, vorausgesetzt, daß es überhaupt eine geometrische Form besitzt und nicht ganz unregelmäßig ausgebildet ist.

So ergibt sich für ein trapezförmiges Bett, wenn $\beta$ den Neigungswinkel der Böschungen und $b_s$ die Sohlenbreite darstellt:

$$t_{Gr.} = \sqrt[3]{\frac{Q^2}{(b_s + t_{Gr.} \, \mathrm{ctg}\,\beta)^2 \cdot g}} \quad \text{bezw. mit dem Wert } \alpha$$

$$t_{Gr.} = \sqrt[3]{\frac{Q^2 \cdot \alpha}{(b_s + t_{Gr.} \, \mathrm{ctg}\,\beta)^2 \cdot g}}$$

Wie ersichtlich, wird die Lösung dieser Gleichungen schon recht umständlich, da auch unter der Wurzel nochmals der Wert $t_{Gr.}$ erscheint. In solchen Fällen kommt man schneller mit einer Proberechnung zum Ziele, indem man einen Wert $t_{Gr.}$ annimmt und nachsieht, ob die Gleichung erfüllt ist. Man hat dabei zu beachten, daß für trapezförmige, parabelförmige oder ähnliche Profile die Gleichung (6) jeweils sich ändern wird. In Abb. 4

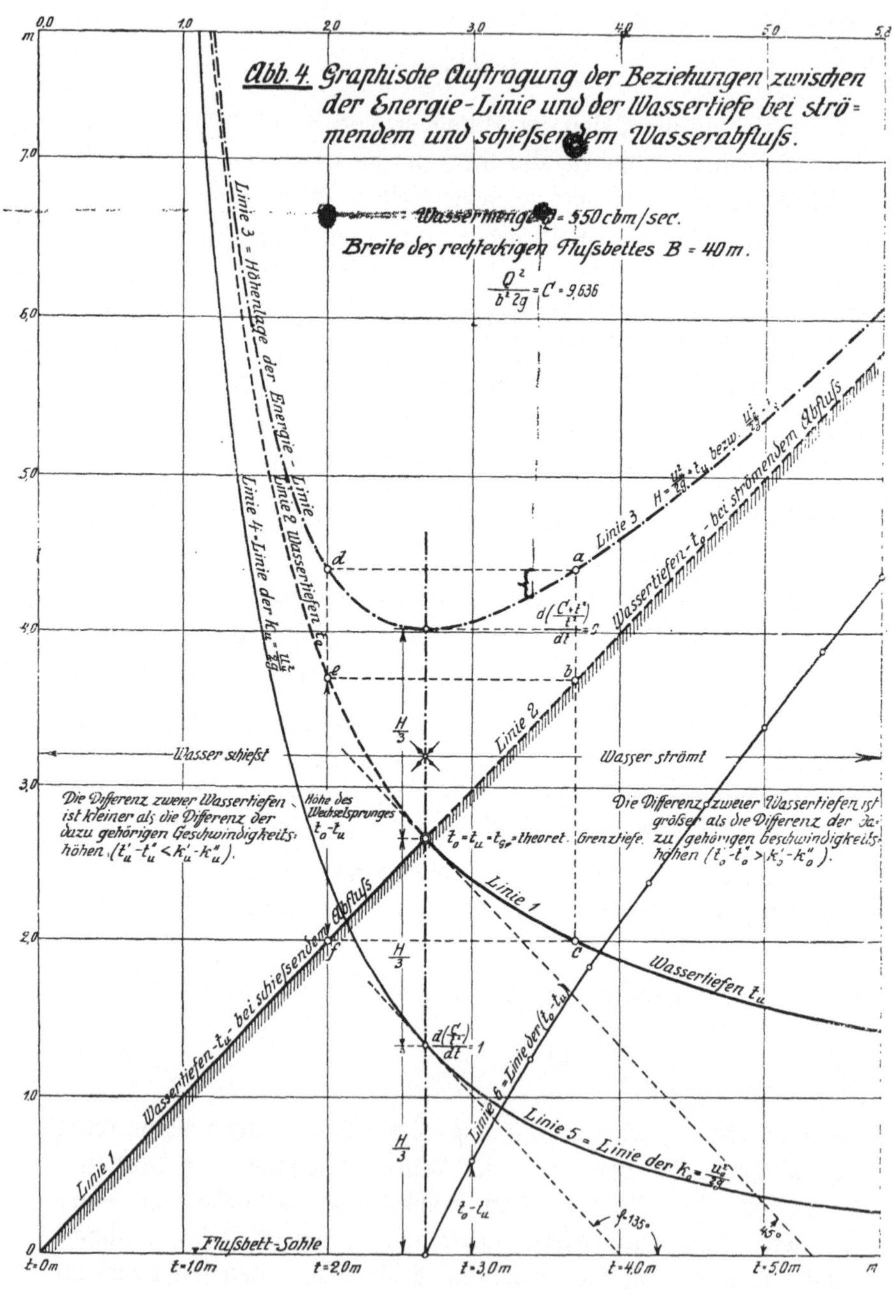


Abb. 4. Graphische Auftragung der Beziehungen zwischen der Energie-Linie und der Wassertiefe bei strömendem und schießendem Wasserabfluß.
Wassermenge Q = 550 cbm/sec.
Breite des rechteckigen Flußbettes B = 40 m.
Linie 3 = Höhenlage der Energie-Linie.
Linie 2 = Wassertiefen $t_o$.
Linie 4 = Linie der $k_u = \frac{u_u^2}{2g}$.
Linie 3   H = $\frac{u_o^2}{2g}$ + $t_o$ bezw. $\frac{u_u^2}{2g}$ + $t_u$
a   Linie 3
Wassertiefen $t_o$ bei strömendem Abfluß
Wassertiefen $t_u$ bei schießendem Abfluß
Wasser schießt
Wasser strömt
Höhe des Wechselsprunges $t_o - t_u$
Die Differenz zweier Wassertiefen ist kleiner als die Differenz der dazu gehörigen Geschwindigkeits-höhen ($t_u' - t_u'' < k_u' - k_u''$).
Die Differenz zweier Wassertiefen ist größer als die Differenz der dazu gehörigen Geschwindigkeits-höhen ($t_o' - t_o'' > k_o' - k_o''$).
$t_o = t_u = t_{gr} =$ theoret. Grenztiefe.
Linie 2
Linie 1
Wassertiefen $t_u$
Linie 5 = Linie der $k_o = \frac{u_o^2}{2g}$
Linie 6 = Linie der ($t_o - t_u$)
$t_o - t_u$
f 135°
45°
Flußbett-Sohle
$t = 0 m$   $t = 1,0 m$   $t = 2,0 m$   $t = 3,0 m$   $t = 4,0 m$   $t = 5,0 m$   m

sind nun für einen bestimmten Fall, nämlich für den Abfluß von 550 cbm/sec. in einem rechteckigen Bett von 40 m Sohlenbreite die Beziehungen der Energie-Linie, der theoretischen Grenztiefe und der beiden zu jeder Energie-Linien-Lage gehörigen Wassertiefen $t_o$ bezw. $t_u$ dargestellt. Der konstante Wert C berechnet sich dafür zu:

$$C = \frac{Q^2}{b^2 \cdot 2g} = \frac{550^2}{40^2 \cdot 19.62} = 9{,}636$$

sodaß die Gleichung (4) übergeht in:

$$H = \frac{9.636}{t^2} + t$$

in welcher Form die Berechnung am einfachsten und genauesten durchführbar ist.

Für den Wert $t = t_{Gr.}$ ergibt sich das Min. der H-Linie, wie aus der Zeichnung zu ersehen ist. Für jeden anderen Wert von H erhält man stets 2 Werte für t, nämlich $t_o$ und $t_u$, wobei wieder $t_o$ dem strömenden und $t_u$ dem schießenden Abfluß entspricht. Die Grenze zwischen beiden Abflußarten bildet die theoretische Grenztiefe $t_{Gr.}$.

Die Tiefenlinie für strömendes Wasser für Tiefen $t_o > t_{Gr.}$ ist bei dieser Auftragung einfach die Gerade unter $45^0$ durch den Nullpunkt, während die zum gleichen Teil der H-Linie gehörende Tiefenlinie für schießendes Wasser dadurch gewonnen worden ist, daß unter jedem Punkt der H-Linie (a) auf der rechten Seite die der gleichen Höhenlage (d) der Energie-Linie auf der linken Seite entsprechende Tiefe (f) aufgetragen worden ist. (Punkt c). Umgekehrt wurden die Tiefen bei schießendem Wasser für $t_u < t_{Gr.}$ auf der linken Seite der Auftragung durch die Gerade durch den Nullpunkt und die zugehörigen $t_o$-Werte für den strömenden Abfluß durch den darüber liegenden Teil der Linie 2 dargestellt, deren Punkt (e) aus dem geraden Teil der Linie 1 für das strömende Wasser (b) entnommen wurde.

Weiterhin sind in der Abb. 4 für alle t-Werte die dazu gehörigen Geschwindigkeitshöhen k aufgetragen. (Linie 4). Die Gleichung dieser Linie ist mithin:

$$(7) \qquad k = \frac{u^2}{2g} = \frac{Q^2}{t^2 \cdot b^2 \cdot 2g} = \frac{C}{t^2}$$

wobei der Wert t für den linken Teil der schießenden Wassertiefe ($t_u$) und für den rechten Teil der strömenden Wassertiefe
($t_o$) entspricht.

Auch diese Gleichung soll noch etwas näher betrachtet
werden. Differenziert man sie, so ergibt sich:

$$\frac{dk}{dt} = -\frac{2C}{t^3}$$

Ein Max. oder Min. besitzt darnach diese Kurve nicht, wohl
läßt sich aber eine andere Tatsache daraus ableiten, die für die
spätere Berechnung von größter Wichtigkeit ist.

Setzt man nämlich

$$\frac{dk}{dt} = -1$$

so erhält man denjenigen Wert von t für welchen das Steigungs-
verhältnis der Kurve $= -1$, mithin tg $\varphi = 135^0$ ist (Abb. 4).
Für diesen Wert von t muß also k um dasselbe Maß abnehmen
um das t zunimmt. Die Größe des Wertes t für den dies zu-
trifft ist demnach:

$$-\frac{2C}{t^3} = -1, \quad t = \sqrt[3]{2C} = \sqrt[3]{\frac{Q^2}{b^2 \cdot g}} = t_{Gr.}$$

Man sieht, daß sich wiederum die theoretische Grenztiefe ergibt.

Da nun der Zähler des Differentialquotienten» $-\dfrac{2C}{t^3}$ «eine

Konstante darstellt, so muß der absolute Wert von $\dfrac{dk}{dt}$ für alle

Werte von t kleiner als $t_{Gr.}$, also für schießenden Abfluß größer
als 1, dagegen für alle Werte t größer als $t_{Gr.}$, also für strömenden Abfluß kleiner als 1 werden. Es ergibt sich somit der für die
**Berechnung äußerst wichtige Satz:**

(8a) **Bei schießendem Wasserabfluß ist die Differenz
zweier Wassertiefen kleiner als die negative Differenz der dazu gehörigen Geschwindigkeitshöhen,
und bei strömendem Wasserabfluß ist die Differenz
zweier Wassertiefen größer als die Differenz der dazu gehörigen Geschwindigkeitshöhen. In der Nähe
der theoretischen Grenztiefe dagegen ist die Differenz
zweier Wassertiefen gleich der Differenz der dazu
gehörigen Geschwindigkeitshöhen.**

Streng genommen gilt das letztere natürlich nur für die theoretische Grenztiefe selbst.

Diese Sätze sind für die Proberechnung, die sich bald in strömendem, bald in schießendem Wasser und auch in der Nähe der theoretischen Grenztiefe bewegt, von besonderer Bedeutung. Man ist damit erst im Stande, die Proberechnung einigermaßen schnell durchzuführen.

Betrachtet man nämlich daraufhin die allgemeine Berechnungsformel (2)

$$ h = \frac{u_1^2 - u_2^2}{2g} + \frac{Q^2 \cdot p_m \cdot l}{F_m^3 \cdot c^2} $$

so ergibt sich für deren Anwendung folgender Satz:

(8b) **Ist bei strömendem Wasserabfluß, also bei einer Wassertiefe oberhalb der theoretischen Grenztiefe das errechnete h kleiner, bezw. größer ausgefallen als der angenommene Wert h', so muß man dieses angenommene h' bei der zweiten Proberechnung ebenfalls verkleinern bezw. vergrößern, mithin im gleichen Sinne ändern.**

**Ist dagegen bei schießendem Wasserabfluß, also bei einer Wassertiefe unterhalb der theoretischen Grenztiefe das errechnete h kleiner bezw. größer ausgefallen, als das angenommene h', so muß man dieses bei der zweiten Proberechnung vergrößern bezw. verkleinern, mithin im entgegengesetzten Sinne ändern.**

Diese Sätze müssen auf Grund ihrer Ableitung sowohl für alle Querschnittsformen, als auch für alle Wassermengen gelten. In Abb. 4 ist dies durch Eintragung der Tangente unter 135° an die k-Linie kenntlich gemacht.

Es lassen sich nun aus der graphischen Darstellung der erwähnten Beziehungen noch weitere wertvolle Schlüsse für die Berechnung ziehen. Da diese im Grunde genommen darauf hinausläuft, zu einer durch die gegebenen Größen festgelegten Energie-Linie die dazu gehörige Wassertiefe zu finden, so ist es sehr wichtig zu wissen, wie groß die Empfindlichkeit der Wassertiefe in Bezug auf die Höhenlage der Energie-Linie ist. Ist diese sehr groß, so muß man die Lage der E.-Linie sehr genau festlegen, d. h. das Rauhigkeitsgefälle sehr genau berücksichtigen, ist diese dagegen nicht sehr groß, so kann man sich mit einer Proberechnung weniger begnügen, da man ja stets bei der Berechnung von Wasserspiegellinien nur einen bestimmten Grad der Genauigkeit zu erreichen bestrebt sein wird.

Aus der Abb. 4 sieht man nun sofort, daß die Empfindlichkeit ganz besonders groß in der Nähe der theoretischen Grenztiefe ist. So entspricht z. B. einer Änderung in der Höhenlage der Energie-Linie um 1 mm für eine Berechnung ausgehend von der Grenztiefe in strömendes Wasser, also in der Zeichnung nach rechts eine Änderung der Wassertiefen von 9.5 mm, das ist das 9.5-fache. Vom selben Ausgangspunkt ausgehend, aber in schießendes Wasser ist diese Differenz der Wassertiefen nur 7.5 mm. Diese Empfindlichkeit wird bald sehr viel geringer, wenn man sich von der Minimaltiefe der E.-Linie entfernt, denn die H-Linienäste verlaufen nach beiden Seiten bald erheblich steiler.

Die allergrößte Genauigkeit in der Berechnung der Energie-Linien-Höhenlage ist mithin notwendig, wenn man sich in der Nähe der theoretischen Grenztiefe befindet und ganz besonders dann, wenn man in strömendes Wasser, also mit zunehmender Tiefe rechnet. Da der H-Linienast für strömendes Wasser überhaupt etwas flacher geneigt ist als für schießendes Wasser, so muß für erstere eine etwas größere Genauigkeit als für letztere angestrebt werden. Bei sehr großen, bezw. sehr kleinen Tiefen ist allerdings die Empfindlichkeit beider Fließarten nicht mehr besonders groß. Man könnte auch diese Beziehungen alle mathematisch festlegen, jedoch genügen für die Ausführung der Berechnung diese allgemeinen Bemerkungen.

Bei Anwendung der Formel:

$$h = \frac{u_1^2 - u_2^2}{2g} + \frac{Q^2 \cdot p_m \cdot l}{F_m^3 \cdot c^2}$$

rechnet man in den meisten Fällen nicht erst die Höhenlage für die Energie-Linie aus und daraus die Wassertiefe, sondern man nimmt, da man stets von einer bekannten Lage der Energie-Linie ausgeht, in dem Glied

$$\frac{u_1^2 - u_2^2}{2g}$$

gleich die Differenz der beiden Geschwindigkeitshöhen.

Für andere Berechnungen wird es dagegen nötig sein, aus einer gegebenen Höhenlage H der E.-Linie eine der beiden dazu gehörigen Wassertiefen t zu berechnen, wenn die andere bereits bekannt ist. Im allgemeinen wird man auch hier durch eine Proberechnung am schnellsten zum Ziele kommen. Man schätzt dieses t oder greift es auf der graphischen Auftragung möglichst genau ab, bildet für diesen Wert die Geschwindigkeitshöhe k und untersucht, ob $k + t$ den gewünschten Wert für H ergibt.

Es läßt sich aber auch für diese Bestimmung auf mathematischem Wege eine Gleichung ableiten. Es sei wieder H die gegebene Höhenlage der Energie-Linie, $t_o$ und $t_u$ die dazu gehörigen Wassertiefen, von denen die erstere gegeben, die letztere gesucht ist. Die Geschwindigkeitshöhe zur Tiefe $t_o$ sei $k_o$, die zur Tiefe $t_u$ aber $k_u$. Dann ist:

$$H = t_o + k_o \qquad \text{und gleichzeitig}$$
$$H = t_u + k_u \qquad \text{folglich}$$

$$(9) \qquad t_o - t_u = k_u - k_o$$

Zunächst wird $k_o$ berechnet. Es ist:

$$k_o = \frac{u_o^{\,2}}{2g} \quad \text{und ferner}$$

$$Q = u_o \cdot t_o \cdot b = u_u \cdot t_u \cdot b \quad \text{mithin}$$

$$u_o = \frac{u_u \cdot t_u}{t_o} \quad \text{und damit}$$

$$k_o = \frac{(u_u \cdot t_u)^2}{t_o^2 \cdot 2g}$$

Für $t_o$ kann man schreiben: $t_o = (t_o - t_u) + t_u$ womit

$$k_o = \frac{(u_u \cdot t_u)^2}{[(t_o - t_u) + t_u]^2 \cdot 2g} \quad \text{wird.}$$

Somit lautet Gleichung (9)

$$t_o - t_u = k_u - \frac{(u_u \cdot t_u)^2}{[(t_o - t_u) + t_u]^2 \cdot 2g} \;, \text{ worin jetzt nur die}$$

Differenz der beiden Wassertiefen als Unbekannte enthalten ist. Setzt man in dieser Gleichung $\dfrac{u_u^{\,2}}{2g} = k_u$, so heben sich die Glieder $t_u^2 \cdot k_u$ fort und die Gleichung läßt sich alsdann durch $(t_o - t_u)$ dividieren. Die Auflösung der quadratischen Gleichung ergibt somit:

$$t_o - t_u = \frac{k_u - 2\,t_u}{2} \pm k_u \sqrt{0{,}25 + \frac{t_u}{k_u}}$$

Setzt man nunmehr für $k_u = H - t_u$ ein, so erhält man die Gleichung:

$$(10\,a)\quad t_o - t_u = \frac{H - 3\,t_u}{2} \pm (H - t_u)\,\sqrt{0{,}25 + \frac{t_u}{H - t_u}}$$

mit deren Hilfe man für ein gegebenes H und eine bekannte Wassertiefe sofort die Differenz der beiden Wassertiefen und damit wiederum die andere Wassertiefe finden kann. Von den beiden Wurzelwerten kommt stets nur der positive Wert in Frage, wie sich leicht nachweisen läßt, wenn man die Grenzwerte der Differenz $t_o - t_u$ betrachtet. Ist $t_o$ gegeben und $t_u$ gesucht, so ergibt sich die Gleichung hierfür, wenn man $t_o$ mit $t_u$ verstaucht zu:

$$(10\,b)\quad t_u - t_o = \frac{H - 3\,t_o}{2} + (H - t_o)\,\sqrt{0{,}25 + \frac{t_o}{H - t_o}}$$

Außerdem ist nun aber noch nach Gleichung (4)

$$H = \frac{C}{t_u^2} + t_u\,, \text{worin } C = \frac{Q^2}{b^2 \cdot 2g}\ \text{war.}$$

Diesen Wert für H in Gleichung (10a) eingesetzt, ergibt:

$$(11\,a)\qquad t_o - t_u = \frac{C - 2\,t_u^3}{2\,t_u^2} + \frac{C}{t_u^2}\,\sqrt{0{,}25 + \frac{t_u^3}{C}}$$

Ebenso berechnet sich $t_u$ aus $t_o$ mit Hilfe der Gleichung:

$$(11\,b)\qquad t_u - t_o = \frac{C - 2\,t_o^3}{2\,t_o^2} + \frac{C}{t_o^2}\,\sqrt{0{,}25 + \frac{t_o^3}{C}}$$

Hierin kommt die Größe H überhaupt nicht mehr vor, sondern die Gleichung gestattet nur aus der Konstanten C und einer angenommenen Wassertiefe sofort die dazu gehörige andere, jenseits der theoretischen Grenztiefe liegende Wassertiefe zu berechnen.

Wie sofort ersichtlich, muß für die theoretische Grenztiefe der Wert $(t_o - t_u)$ zu null werden, da hier nur eine Wassertiefe möglich ist. Setzt man z. B. für

$$t_u \text{ den Wert } \sqrt[3]{2\,C}\ \text{ein,}$$

so erhält man in der Tat

$$t_o - t_u = -\frac{1{,}5\,C}{\sqrt[3]{4\,C^2}} + \frac{1{,}5\,C}{\sqrt[3]{4\,C^2}} = 0.$$

Es ergibt sich hieraus gleichzeitig, daß der negative Wert des zweiten Gliedes nicht in Frage kommen kann.

In Abb. 4 sind auch diese Differenzen für die entsprechenden Werte von H graphisch aufgetragen. Es. wird sich später zeigen, daß ihnen noch eine ganz besondere Bedeutung für die Berechnung zukommt.

Im allgemeinen empfiehlt es sich stets, wenn für einen bestimmten Fall, also für ein konstantes C, größere Berechnungen auszuführen sind, zunächst eine graphische Auftragung, ähnlich der Abb. 4 vorzunehmen. Man erleichtert sich dadurch die Berechnung in schwierigen Fällen, wie sie weiterhin behandelt werden, ganz bedeutend.

# III.
# Die Grenzen der Durchführbarkeit der Wasserspiegelberechnung mit den entwickelten Formeln und der Grund hierfür.

## A. Bei Querschnittseinengungen.

Die Berechnung von Wasserspiegellinien in der bisher angegebenen Weise ist nun keineswegs in allen Fällen anwendbar.[1] Die genaue Festlegung derartiger Fälle und die Durchführung der Rechnung hierfür sollen den Hauptgegenstand dieser Arbeit bilden. Daher sollen zunächst in diesem Abschnitt alle diese Fälle festgelegt und die Uudurchführbarkeit der Berechnung theoretisch nachgewiesen werden. In den nächsten Abschnitten wird dann ein neues Berechnungsverfahren auch für diese Fälle entwickelt werden.

Zunächst soll wieder das schon früher erwähnte rechteckige Bett mit 40 m Sohlenbreite, einer Sohlenneigung von $J_s = 0,002$ und einem Rauhigkeitsbeiwert von $n = 0,0202$ betrachtet werden. Es möge eine Wassermenge $Q = 1000$ cbm/sec. zum Abfluß gelangen. Die Wassertiefe bei normalem Abfluß berechnet sich zu $t = 4,70$ m.

Nunmehr soll dieses Flußbett, wie es auf Abb. 5 geschehen ist, beiderseitig um 6 m eingeengt werden vermittels eines Überganges von 34 m Länge. Die Einengung ist etwas stark gewählt, um die Erscheinungen möglichst deutlich hervortreten zu lassen. Da es sich um strömenden Normalabfluß handelt und eine Querschnittsunstetigkeit vorliegt, so muß die Rechnung unterhalb derselben, also in Querschnitt 1 beginnen und flußaufwärts durchgeführt werden. Die Höhenlage der Energie-Linie im Querschnitt 1 bildet den Ausgangspunkt der Berechnung. Sie ist dadurch gegeben, daß bei Normalabfluß sich an dieser Stelle die Tiefe $t = 4,70$ m einstellt. Es muß nun zunächst durch Rechnung die Höhenlage der Energie-Linie innerhalb der Einengung, also im Querschnitt 2 gesucht werden. Dabei muß

---

[1] Vergl. B u b e n d e y, Handb. d. Ing.-W. III. Teil I. Band, S. 551 ff.

berücksichtigt werden, daß die theoretische Grenztiefe innerhalb der Einengung sich zu

$$t_{Gr.} = \sqrt[3]{\frac{Q^2}{b^2 \cdot g}} = \sqrt[3]{\frac{1000^2}{28^2 \cdot 9.81}} = 5{,}06 \text{ m} \quad \text{ergibt.}$$

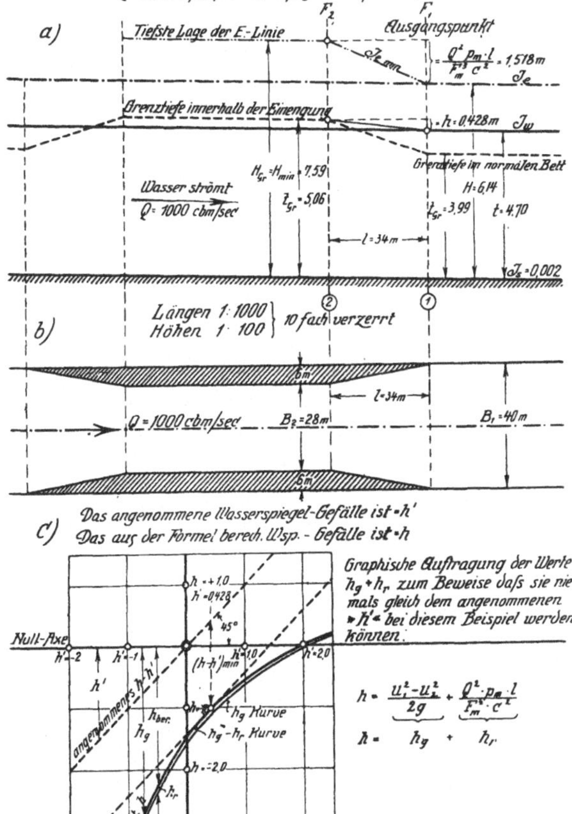



Der dazu gehörige Min.-Wert von H wird damit nach Gl. (6)

$$H_{Gr.} = H_{min} = \frac{2}{3} \cdot 5.06 = 7.59 \text{ m}$$

Die tiefste Lage, welche mithin die Energie-Linie im Querschnitt 2 einnehmen kann, ist $H_{min} = 7.59$ m, denn für einen kleineren Wert von H wäre ein Durchfluß von 1000 cbm/sec. theoretisch unmöglich. Das sich aus der Verbindung dieser beiden Energie-Linien-Punkte ergebende Gefälle $h_r$ zwischen den Querschnitten 1 und 2 stellt somit auch den Min.-Wert dar, welchen

$$\text{der Wert } h_r = J_e \cdot 1 = \frac{Q^2 \cdot p_m \cdot 1}{F_m^3 \cdot c^2}$$

überhaupt je annehmen kann. Das dazu gehörige Wasserspiegel-gefälle wäre dann:

$$1 \cdot J_s + t_2 - t_1 = 34 \cdot 0,002 + 5,06 - 4.70 = 0,428 \text{ m}$$

und das absolute Gefälle der Energie-Linie

$$h_{r\,min} = 1 \cdot J_s + H_2 - H_1 = 34 \cdot 0,002 + 7.59 - 6,14 = 1.518 \text{ m}$$

Berechnet man das Gefälle der Energie-Linie nun nach der Formel:

$$h_r = \frac{Q^2 \cdot p_m \cdot 1}{F_m^3 \cdot c^2}$$

für welche nunmehr alle Werte bekannt sind, so erhält man nur 0,095 m für das absolute Energie-Linien-Gefälle zwischen den Querschnitten 1 und 2. Die Berechnung muß mithin hier ver-sagen, d. h. es läßt sich kein Wert für das Wasserspiegelgefälle h finden, welcher der Gleichung genügt, weil das Min.-Gefälle der Energie-Linie zwischen den betrachteten Querschnitten schon ganz bedeutend größer ist, als das aus der Rechnung sich ergebende.

Um diesen Fall noch genauer zu untersuchen, wurden verschiedene Werte des absoluten Wasserspiegelgefälles h' ange-nommen, und dann hieraus die sich ergebenden Werte $h_g$ und $h_r$ nach der Formel (2) berechnet, und mit der ursprünglichen Annahme von h' verglichen. Auf diese Weise wird die Berech-nung, wie schon früher erwähnt, zweckmäßig durchgeführt.

In Abb. 5c sind diese Ergebnisse graphisch aufgetragen. Der angenommene Wert h' wird durch die Gerade unter 45° durch den Nullpunkt dargestellt. Die jedesmal hierfür berech-neten Werte von $h_g$ bilden die untere Kurve. Davon ist dann stets der kleine positive Wert von $h_r$ nach oben abgetragen, sodaß die obere Kurve den eigentlichen berechneten Wert h darstellt. Gäbe es nun irgend einen Wert von h, der den Formeln genügen würde, so müßte in diesem Punkte die berechnete h-Kurve die angenommene h'-Kurve, also die Gerade schneiden. Man sieht aber, daß dies niemals der Fall sein wird, denn beide Kurven nähern sich nur bis auf ein gewisses Maß, um sich dann wieder voneinander zu entfernen. Dieses Minimum der Entfernung liegt bei h' = 0,428 m, also bei demjenigen angenommenen h', für den sich das Min. der Energie-Linien-Steigung ergibt. Diese Annahme stellt also immer noch die bestmögliche dar.

Aus diesen Betrachtungen ist nun sofort ersichtlich, daß die Berechnung erst dann möglich sein wird, wenn das Rauhigkeitsgefälle so groß ist, daß es die Energie-Linie auf ihre Min.-Höhenlage im Querschnitt 2 zu heben vermag. Ist dies dagegen nicht der Fall, so muß die Berechnung versagen. In den weitaus meisten Fällen in der Praxis liegt die Energie-Linie natürlich weit über der Grenzlage, sodaß hier die Berechnung ohne weiteres durchführbar ist.

Um die Berechnung für den soeben behandelten Fall auf die alte Weise mit Hilfe der Formel (2) dennoch zu ermöglichen, ständen nunmehr 2 Mittel zur Verfügung: Entweder man wählt die Rauhigkeit in dem Übergang zwischen den Profilen 1 und 2 so stark, daß das Energie-Linien-Gefälle, also das Reibungsgefälle ausreicht, um sie auf die Min.-Höhenlage im Querschnitt 2 zu heben, oder aber man macht den Übergang so lang, daß die Energie-Linie auch bei der ursprünglichen Rauhigkeit im Querschnitt 2 die Min.-Höhenlage erreicht hat. Beide Mittel führen aber auch nicht in allen Fällen zum Ziele. Wendet man das erstere an, so ergibt sich, da

$$h_{r\,min} = 1.518 \text{ m ist,}$$

$$\frac{Q^2 \cdot p_m \cdot l}{F_m^3 \cdot c^2} = 1.518 \text{ m und } c = \sqrt{\frac{Q^2 \cdot p_m \cdot l}{F_m^3 \cdot h_r}} = 12. \text{ Daraus folgt:}$$

$$\frac{1}{n} = 7.65 \text{ oder } n = 0.131$$

Man erhielte also für das gewählte Beispiel einen ganz unmöglichen Rauhigkeitsgrad, denn $n = 0.131$ in der Formel von Ganguillet und Kutter läßt sich praktisch nicht erreichen. Das zweite Mittel, nämlich die Verlängerung des Überganges kann überhaupt nur dann in Betracht kommen, wenn $J_e > J_s$, d. h. wenn das Gefälle der Energie-Linie größer als das Sohlengefälle ist. Für vorliegenden Fall trifft dies zu, und es würde sich ergeben:

$$H_{min} + l \cdot J_s = H_1 + l \cdot J_e \text{ mithin}$$

$$l = \frac{H_1 - H_{min}}{J_s - J_e} = \frac{6.143 - 7.59}{0,002 - 0,0028} = 1810 \text{ m}$$

Hierin bedeutet $H_1$ die Höhe der Energie-Linie für die Ausgangswassertiefe $t_1 = 4.70$ m.

Man benötigte also eine Übergangslänge von 1810 m, um das Flußbett von 40 m auf 28 m Breite einzuschränken, wenn man erreichen will, daß auf das Beispiel die Formeln noch Anwendung finden können. Auch eine so starke Verlängerung des Überganges wäre aus praktischen Gründen wohl kaum möglich.

Es wird sich später zeigen, daß das Versagen der Berechnung auf die gewöhnliche Art auch noch gleichzeitig den Grenz-fall für einen Wechsel des Wassers von der einen Fließart in die andere darstellt, weshalb diese Grenze noch von besonderer Bedeutung ist. Sie soll daher auch mathematisch festgelegt werden.

In jedem Falle muß das angenommene absolute Wasser-spiegelgefälle $h'$ den beiden Formeln

$$h' = (t_2 - t_1 + l \cdot J_s) \quad \text{und}$$
$$h' = h_r + h_g$$

genügen. Daraus ergibt sich nun der Grenzfall, wenn man für $t_2$ nicht eine beliebige Wassertiefe, sondern die theoretische Grenztiefe innerhalb der größten Einengung einführt. Diese wird

$$t_{Gr.} = \sqrt[3]{\frac{Q^2}{B_2^2 \cdot g}}$$

worin $B_2$ die Breite innerhalb der Einschränkung darstellt. Setzt man nun die obigen Werte für $h'$ einander gleich und führt für $t_2$, $h_g$ und $h_r$ die richtigen Werte ein, so erhält man

$$(12) \quad \sqrt[3]{\frac{Q^2}{B_2^2 \cdot g}} - t_1 + l \cdot J_s = \frac{Q^2 \cdot p_m \cdot l}{F_m^3 \cdot c^2} + \frac{\left(\frac{Q}{B_1 \cdot t_1}\right)^2 - \left(\frac{Q}{B_2 \cdot \sqrt[3]{\frac{Q^2}{B_2^2 \cdot g}}}\right)^2}{2g}$$

In dieser recht umständlichen Gleichung kommen nicht weniger als 7 Veränderliche vor. Diese sind:

$$Q, \ B_2, \ B_1, \ t_1, \ J_s, \ l \ \text{und} \ n$$

Um also den Grenzfall festzulegen, müssen 6 dieser Werte gegeben sein, woraus dann die noch fehlende Unbekannte so bestimmt werden kann, daß Gleichung (12) erfüllt ist. $F_m$, $p_m$, und $c$ sind keine neuen Unabhängigen, denn sie stellen nur Funktionen der anderen Größen dar. Nimmt man nun an, wie es bei den meisten derartigen Fällen wohl der Fall sein wird, daß, $Q$, $B_2$, $B_1$, $n$, $J_s$ und $l$ von vornherein festgelegt sind, so ließe sich aus der Gleichung noch die letzte Unbekannte, nämlich der Grenzwert von $t_1$, das ist die Wassertiefe am unteren Ende der Übergangsstrecke, bestimmen, bei der sich die Berechnung mit der Formel (2) gerade noch durchführen läßt. Dieser Wert von $t_1$ ist dann der Ausgangspunkt der Berechnung und stellt denjenigen Min.-Wert dar, für welchen die Rechnung noch ohne weiteres durch die Einengung durchführbar ist. Für alle kleineren Werte von $t_1$ versagt dieselbe, während sie für alle größeren Werte ohne weiteres ebenfalls möglich ist. Anders ausgedrückt ist dieser Wert $t_1$ diejenige Ausgangswassertiefe im uneingeschränkten Flußbett, für welche sich das Gefälle der Energie-Linie bis zur Min.-Höhenlage derselben im eingeschränkten Flußbett gerade gleich dem auf der Übergangsstrecke vorhandenen Rauhigkeitsgefälle ergibt. Es werden jedoch auch solche Fälle vorkommen, bei denen die geringste Breite der Einschränkung gesucht wird, für welche die Berechnung noch durchführbar bleibt. In Formel (12) tritt dann die Größe $B_2$ als Unbekannte auf, während alle anderen Werte gegeben sein müssen.

Es ist schon gesagt worden, daß die Grenze für die Durchführbarkeit der Rechnung gleichzeitig auch diejenige Grenze darstellt, bei welcher das Wasser beim Durchfluß durch die Einengung seinen Fließzustand noch beibehält. Aus diesem Grunde ist für die sich dafür ergebende Tiefe $t_1$ der Name „Grenzströmungstiefe" bezw.

**„Theoretische Grenzströmungstiefe"**
gewählt worden.

Es ist von vornherein anzunehmen, daß sich kleine Abweichungen des theoretisch ermittelten Wertes von dem wirklich auftretenden ergeben werden, schon wegen des in der Gleichung vorkommenden nicht theoretisch bestimmbaren Wertes c und der Nichtberücksichtigung des Wertes $a$ bei Berechnung der Geschwindigkeitshöhe. Es sollen später hierfür einige Beobachtungen sowie einige berechnete Werte mitgeteilt werden, die eine sehr gute Übereinstimmung zeigen.

Dieselben Betrachtungen, wie sie soeben für eine seitliche Einengung durchgeführt wurden, sind auch auf Einschränkungen des Durchflußprofiles durch eine Sohlenerhöhung oder eine Böschungsänderung anwendbar. Was für die letzteren noch ganz besonders in Frage kommt, soll später noch erwähnt werden.

Die vorliegende Untersuchung erstreckte sich zunächst auf strömenden Wasserabfluß. Ganz ähnlich läßt sich aber auch der Grenzfall für schießenden Wasserabfluß ableiten. Es liegt hier jedoch der umgekehrte Fall vor, nämlich daß das wirklich auftretende Reibungsgefälle rechnerisch viel zu groß wird, um die Energie-Linie bis zur erforderlichen Min.-Höhenlage innerhalb der Einengung zu heben. Da alle Fälle später noch eingehend an durchgerechneten Beispielen erläutert werden, so soll diese kurze Andeutung über diesen Fall vorläufig genügen.

Zusammengefaßt läßt sich also der Satz aussprechen:

(13)     **Die Berechnung von Wasserspiegellinien muß bei jeder Querschnittseinengung dann versagen, wenn infolge des auf dem Übergang wirklich vorhandenen Rauhigkeitsgefälles die Energie-Linie in der Einengung unterhalb ihre Min.-Höhenlage zu liegen käme. Dies kann aber nur dann der Fall sein, wenn sich der Ausgangswasserspiegel bereits in der Nähe der theoretischen Grenztiefe befindet.**

Dieser Satz gilt sowohl für strömenden als auch für schießenden Normalabfluß.

## B. Beim Übergang vom Schießen zum Strömen in einem Flußbett mit schießendem Normalabfluß.

Einen weiteren Fall, bei dem die Rechnung nach der bisherigen Weise versagen muß, bildet der Übergang vom Schießen stromabwärts zum Strömen. Zum Beweise soll zunächst ein vollkommen stetiges Flußbett mit gleichmäßigem Gefälle und gleichbleibender Rauhigkeit betrachtet werden. Die Sohle möge ein solches Gefälle besitzen, daß sich bei der gewählten Rauhigkeit im Flußbett schießender Normalabfluß einstellt. Ein solcher Fall ist in Abb. 6 schematisch dargestellt. Die Wassertiefe für den Normalabfluß möge $t_u$ betragen, also unterhalb der theoretischen Grenztiefe liegen. Durch einen Einbau unterhalb sei im Querschnitt 0 ein starker Anstau mit der Wassertiefe $t_o$ hervorgerufen, mithin hier strömender Abfluß vorhanden. Die dazu gehörige Energie-Linie ist ebenfalls in der Abb. 6 eingetragen. Die Berechnung muß nun, da es sich um strömenden Abfluß handelt, im Querschnitt 0 beginnen und flußaufwärts durchgeführt werden. Dies bietet zunächst auch keinerlei Schwierigkeiten. Die Energie-Linie wird, da die Wassertiefe bedeutend größer ist als der für das Bett geltende Normalabfluß, ein viel geringeres Gefälle als die Sohle aufweisen. Dies bedingt wiederum eine geringere Tiefe $t_0$, sodaß das Gefälle der E.-Linie immer größer und die Wassertiefe immer kleiner wird. Der Wasserspiegel wird stets das Bestreben haben, sich wieder demjenigen für den Normalabfluß zu nähern. Die Berechnung auf diese Weise von Querschnitt zu Querschnitt durchgeführt, erreicht schließlich im Querschnitt 4 die theoretische Grenztiefe. Bis hierin ist sie also ohne weiteres stets möglich.

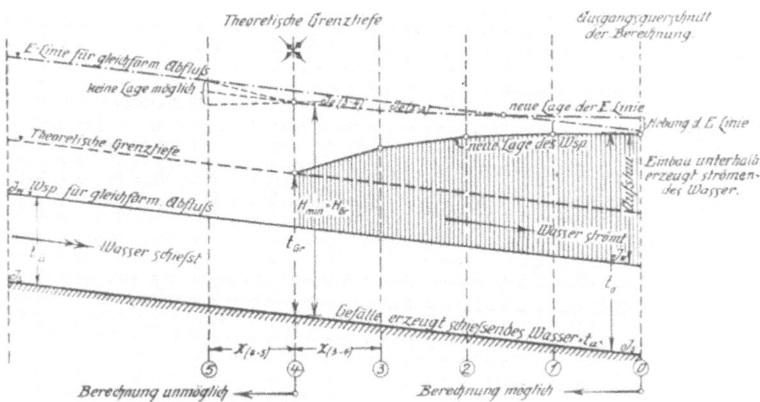


Abb. 6. Schematische Darstellung des Überganges vom Schießen zum Strömen in einem stetigen Flußbett. Die Berechnung ist nicht stetig durchführbar. Strömendes Wasser künstlich erzeugt durch einen Einbau unterhalb.

Gleichzeitig mit der theoretischen Grenztiefe hat auch die Energie-Linie ihre tiefste Lage im Querschnitt 4 erreicht.

Von hier ab aber kann die Berechnung nicht weiter durchgeführt werden. Am wahrscheinlichsten wäre es, wenn die Wassertiefe nun noch weiter zwischen den Querschnitten 4 und 5 abnehmen würde, damit sie schließlich auf die Wassertiefe $t_u$ heruntersinken könnte. In diesem Fall müßte auch die Energie-Linie zwischen den Querschnitten 4 und 5 noch ein schwächeres Gefälle als die Sohle aufweisen, denn nach Voraussetzung entspricht erst eine Wassertiefe $t_u$ einem Energie-Linien-Gefälle, welches gleich dem der Sohle ist. Ein höherer Wasserstand mit geringerer Wassergeschwindigkeit erfordert aber stets ein geringeres Reibungsgefälle. Die Annahme eines schwächeren

Reibungsgefälles und damit einer schwächeren Neigung der Energie-Linie wie die Flußsohle ist aber widersinnig, denn sowie die Energie-Linie vom Querschnitt 4 ab ein geringeres Gefälle als die Sohle hätte, müßte ihre Höhenlage H über der Sohle in Querschnitt 5 noch kleiner als diejenige in Querschnitt 4 werden, wo bereits der Kleinstwert $H_{min}$ vorhanden ist. Die einzigen Möglichkeiten wären mithin die, daß die Energie-Linie zwischen 4 und 5 mindestens parallel zur Sohle verlaufen oder aber ein noch stärkeres Gefälle als diese aufweisen müßte. Aber auch diese beiden Annahmen führen zu keiner Lösung. Wird zunächst angenommen, daß die E.-Linie zwischen den Querschnitten 4 und 5 parallel zur Sohle verlaufen würde, so müßte der Wasserspiegel mit der theoretischen Grenztiefe zusammenfallen. Da aber der Normalabfluß weit unter der theoretischen Grenztiefe liegt und erst dafür das Reibungsgefälle so groß ist wie das Sohlengefälle, so entspricht der Grenzlage noch ein kleineres Reibungsgefälle als dasjenige der Sohle. Noch viel weniger wird demnach eine Lösung erreicht für die dritte Möglichkeit des Verlaufes der Energie-Linie zwischen den Querschnitten 4 und 5, nämlich wenn das Gefälle der Energie-Linie noch größer als dasjenige der Sohle angenommen wird.

Mit der somit nachgewiesenen Unmöglichkeit, zwischen den Querschnitten 4 und 5 eine richtige Lage der Energie-Linie und damit des Wasserspiegels zu finden, ist aber auch bewiesen, daß die Berechnung nicht durchführbar sein kann, denn diese beruht ja nur in der Auffindung der Energie-Linie für die betreffenden Querschnitte. Dieser Beweis, der die theoretische Unmöglichkeit einer weiteren Berechnung der Energie-Linie erbringt, ist sehr anschaulich und überzeugend. Es ist auch viel einfacher, sich den Verlauf der Energie-Linie für jeden denkbaren Fall auf diese Weise klar zu machen, als erst langwierige mathematische Ableitungen durchzuführen, die dann doch nur auf dasselbe Ergebnis führen können.

Es wäre nun naheliegend, zu glauben, man könnte durch eine Änderung des Sohlengefälles oder der Rauhigkeit vom Querschnitt 4 ab doch noch eine Möglichkeit für den Verlauf der Energie-Linie zwischen den Querschnitten 4 und 5 schaffen. Aber auch dies ist bei näherer Betrachtung stets unmöglich. Nimmt man z. B. in Abb. 6 an, daß sich aufwärts vom Querschnitt 4 die Rauhigkeit oder das Gefälle des Flußbettes ändert, jedoch nur so, daß der Normalabfluß für das geänderte Bett noch schießend bleibt — denn sonst gibt es überhaupt keinen Übergang vom Strömen zum Schießen — so läßt sich trotzdem noch keine Lage der Energie-Linie zwischen den Querschnitten 4 und 5 finden. Es wird stets das Gefälle der Energie-Linie kleiner als das Sohlengefälle bleiben müssen, weil ja nach Voraussetzung erst einer Wassertiefe, die unterhalb der theoretischen Grenztiefe liegt, ein Energie-Linien-Gefälle entsprechen wird, welches gleich dem Sohlengefälle ist.

Es wäre nur ein einziger Fall denkbar, nämlich der Grenzfall, wenn das Gefälle oder die Rauhigkeit von Querschnitt 4 aufwärts so gewählt würde, daß sich als Normalabfluß gerade die theoretische Grenztiefe ergibt. In diesem Fall würde die Energie-Linie parallel zur Sohle in der Min.-Höhenlage verlaufen müssen. Man kann aber dann nicht mehr von einem Übergang vom Strömen zum Schießen, sondern von einem solchen zur theoretischen Grenztiefe sprechen, denn der Wasserspiegel würde dann mit der theoretischen Grenztiefe zusammenfallen müssen.

## C. Beim Übergang vom Schießen zum Strömen in einem Flußbett mit strömendem Normalabfluß.

Dieser Fall ist in Abb. 7 zur Darstellung gebracht. Es handelt sich auch wieder um ein vollkommen stetiges Flußbett, nur soll das Gefälle und die Rauhigkeit desselben einen strömenden Normalabfluß bedingen. Es muß also hier, um einen Übergang vom Schießen zum Strömen zu erreichen, auf irgend einem Wege das Wasser zum Schießen gebracht werden. Vorbehaltlich einer späteren näheren Erklärung soll bereits gesagt werden, daß man dies durch eine entsprechende Einengung oberhalb erreichen kann.

Da die künstlich geschaffene Tiefe hier unterhalb der theoretischen Grenztiefe liegt, muß nunmehr die Rechnung vom Querschnitt 0 an flußabwärts durchgeführt werden. Der Wasserspiegel wird das Bestreben haben, sich dem Normalabfluß zu nähern, also zunächst anzusteigen. Dies ergibt sich auch sofort daraus, daß die Energie-Linie ein stärkeres Gefälle als die Sohle aufweisen muß, denn das Gefälle der Sohle entspricht nach Voraussetzung der Wassertiefe $t_0$. Infolgedessen nimmt die Höhenlage der Energie-Linie über der Sohle ab, was bei schießendem Wasser, umgekehrt wie bei strömendem, ein Ansteigen des Wasserspiegels bedingt.

Man erreicht also auch hier schließlich im Querschnitt 4 in allen Fällen die theoretische Grenztiefe. Bis hierhin ist die Berechnung ohne weiteres durchführbar. Gleichzeitig mit der theoretischen Grenztiefe hat auch die Energie-Linie im Querschnitt 4 wieder ihre tiefst möglichste Lage erreicht. Damit ist aber auch wieder die Berechnung beendet, denn zwischen den Querschnitten 4 und 5 ist jede denkbare Lage der Energie-Linie theoretisch unmöglich.

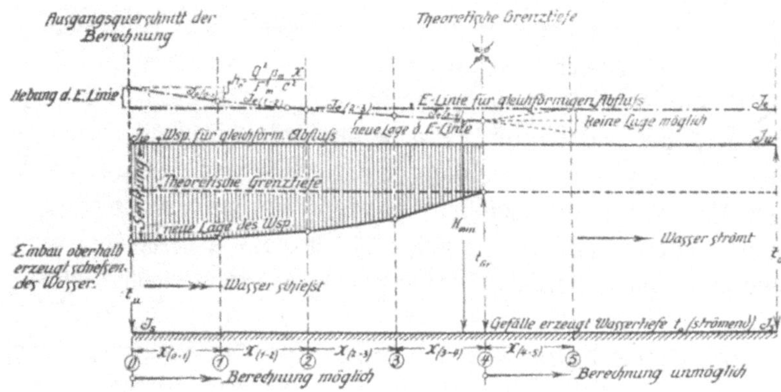


Abb. 7. Schematische Darstellung des Überganges vom Schießen zum Strömen in einem stetigen Flußbett. Schießendes Wasser künstlich erzeugt durch einen Einbau oberhalb. Die Berechnung ist nicht stetig durchführbar.

Der durch die Reibungsverluste bedingte richtige Verlauf der Energie-Linie ist wiederum deshalb unmöglich, weil sich damit ein stärkeres Gefälle der Energie-Linie als das Sohlengefälle ergeben müßte, und damit die Energie-Linie im Querschnitt 5 noch unterhalb der Min.-Höhenlage zu liegen käme.

Die weiteren Möglichkeiten, daß die Energie-Linie parallel oder gar noch schwächer geneigt als die Sohle verläuft, sind wieder deshalb nicht denkbar, weil erst einer viel größeren Wassertiefe, nämlich der Wassertiefe $t_0$, ein so schwaches Reibungsgefälle wie das Sohlengefälle zukommt. Also auch in diesem Fall muß die Rechnung vom Querschnitt 4 an versagen. Dabei wäre es auch ganz gleichgültig, von welcher Seite man die Rechnung durchführen würde, es ergibt sich keine Lage für den weiteren

Verlauf der Energie-Linie zwischen den hier in Frage kommenden Querschnitten 4 und 5.

Mit denselben Erwägungen nur immer mit entgegengesetzten Vorzeichen wie für das vorherige Beispiel nach Abb. 6 kann man auch keine Möglichkeit für die Lage der Energie-Linie unterhalb des Schnittes 4 durch die Annahme eines Gefälls- oder Rauhigkeitswechsels der Sohle auffinden.

Betrachtet man nun beide Beispiele gemeinsam, so ergeben sich folgende Unterschiede:

Im ersten Fall handelt es sich um ein Flußbett mit schießendem Normalabfluß und es war auf künstlichem Wege strömendes Wasser erzeugt. Der Ausgangspunkt lag also oberhalb der theoretischen Grenztiefe, die Berechnung mußte daher flußaufwärts durchgeführt werden.

Im zweiten Fall war in einem Flußbett, welches eigentlich strömenden Normalabfluß erzeugt, auf künstlichem Wege das Wasser zum Schießen gebracht. Mithin lag der Ausgangspunkt unterhalb der theoretischen Grenztiefe und die Berechnung mußte flußabwärts fortschreiten. In beiden Fällen war also ein stetiges Flußbett vorhanden und der Übergang vom Schießen zum Strömen durch eine Unstetigkeit des Flußbettes hervorgerufen, die jedoch weitab von der Übergangsstelle liegen konnte.

Es ließe sich auch auf einem anderen Wege, nämlich durch einen Gefällswechsel der Sohle ein Übergang vom Schießen zum Strömen erzeugen, wofür allerdings nur der in Abb. 6 behandelte Fall in Frage käme. Um dies zu erreichen, müßte man die beiden Gefälle so wählen, daß dem ersten ein schießender und dem zweiten ein strömender Abfluß entspricht. Dieser Fall ist aber auch bereits behandelt, denn es wurden ja beide Übergangsmöglichkeiten daraufhin untersucht, ob sich durch einen Gefälls- oder Rauhigkeitswechsel der Sohle ein Mittel finden ließe, die Berechnung weiter zu führen. Es soll noch einmal besonders darauf hingewiesen werden, daß alle diese Fälle auch in der Natur auftreten können, denn nur für solche hat es Wert, eine Berechnungsmöglichkeit aufzufinden.

Nach diesen Betrachtungen, die alle Möglichkeiten eines Überganges des Wassers vom Zustand des Schießens stromabwärts in den Zustand des Strömens enthalten, läßt sich nunmehr der Satz aussprechen:

(14)     **Die Berechnung von Wasserspiegellinien beim Übergang vom Schießen stromabwärts zum Strömen ist in keinem Fall mit den abgeleiteten Formeln stetig durchführbar.**

## D. Beim Übergang vom Strömen flußabwärts zum Schießen in einem stetigen Flußbett.

Zum Vergleich des Überganges vom Schießen zum Strömen sollen nun die Grenzen der Durchführbarkeit der Berechnung beim Übergang vom Strömen zum Schießen festgelegt werden. In diesem Falle kann man kein durchaus stetiges Flußbett voraussetzen, weil es in einem solchen unmöglich ist, einen Übergang vom Strömen zum Schießen zu erzeugen. Denn nimmt man in Abb. 8 ein vollkommen stetiges Flußbett an, welches einen

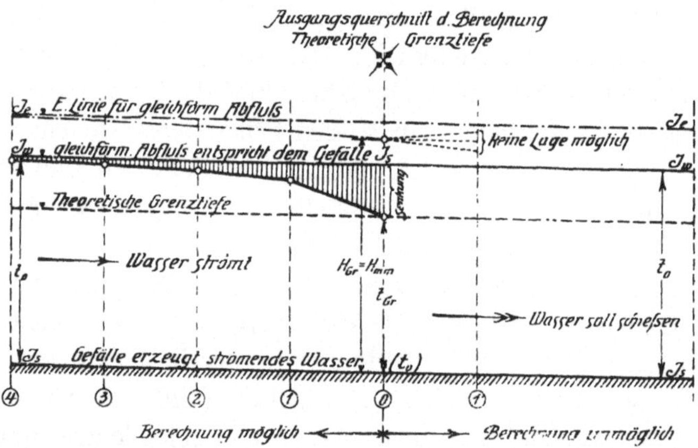


Abb. 8. Schematische Darstellung der Unmöglichkeit der Berechnung beim Übergang des Wassers vom Strömen zum Schießen bei durchlaufendem Gefälle und gleichbleibender Rauhigkeit. Der Fall ist auch praktisch durchaus undenkbar, daher Berechnung überhaupt unmöglich.

strömenden Normalabfluß erzeugt, so kann man nicht, wie es früher in Abb. 7 geschehen, auf künstlichem Wege unterhalb schießendes Wasser erzeugen, sodaß der Übergang in das stetige Bett zu liegen käme. Ebenso wäre es unmöglich, in einem durchaus stetigen Flußbett mit schießendem Normalabfluß das Wasser oberhalb zum Strömen zu bringen, ohne daß dazwischen die das Strömen bezw. Schießen erzeugende Unstetigkeit zu liegen käme. Mithin sind die Übergänge in stetigem Bett für diesen

Fall auch praktisch durchaus undenkbar, wenn man eine sich selbst überlassene Wasserbewegung voraussetzt. Daß der Fall auch theoretisch unmöglich ist, beweist Abb. 8. Da hier keine Ausgangstiefe künstlich geschaffen werden kann, so müßte man als solche die theoretische Grenztiefe annehmen, denn aus den vorigen Beispielen ist ersichtlich, daß man von dieser aus stets nach derjenigen Richtung rechnen kann, welche auf den dem Bett entsprechenden Normalabfluß führt. Vom Querschnitt 0 ab ließe sich hier also ohne weiteres die Berechnung flußaufwärts durchführen. Man gelangt schließlich, da die Energie-Linie schneller steigt als die Sohle, bis zu der Wassertiefe, die dem Normalabfluß des Bettes entspricht. Der Wasserspiegel würde dann nach einer Senkungsllnie verlaufen.

Dagegen wäre eine weitere Berechnung vom Querschnitt 0 zum Querschnitt 1' wiederum aus den gleichen Gründen wie bei den vorigen Beispielen nicht möglich. Die Energie-Linie müßte auch zwischen den Querschnitten 0 und 1' entsprechend dem größeren Reibungsgefälle noch weiterhin steiler als die Sohle verlaufen, was aber nicht möglich ist, da sie im Querschnitt 0 bereits die Min.-Höhenlage über der Sohle erreicht hat. Jede andere Lage wäre aber ebenfalls widersinnig.

Es wird sich bezüglich dieses Falles später noch eine sehr bemerkenswerte Tatsache ergeben. Während sich nämlich für die beiden Fälle der Abb. 6 und Abb. 7 eine andere Berechnungsmöglichkeit finden läßt, ergibt sich für diesen Fall überhaupt keine Lösung für die Durchführung einer Berechnung, weil er auch praktisch gar nicht auftreten kann. Es ist deshalb auch falsch, einen solchen Übergang in einem stetigen Bett darzustellen.

Es ergibt sich mithin der Satz:

(15) **In einem vollkommen stetigen Flußbett kann sich niemals ein Übergang vom Strömen flußabwärts zum Schießen einstellen, der Fall ist praktisch und theoretisch durchaus unmöglich.**

## E. Beim Übergang vom Strömen flußabwärts zum Schießen, hervorgerufen durch einen Gefälls- oder Rauhigkeitswechsel der Sohle, d. h. in einem unstetigen Flußbett.

Es hatte sich gezeigt, daß man, um überhaupt in einem Flußbett einen Übergang vom Strömen zum Schießen zu erhalten, entweder das Gefälle oder die Rauhigkeit an einer Stelle ändern muß. Diese beiden Fälle sollen nun auf die Durchführbarkeit der Berechnung geprüft werden.

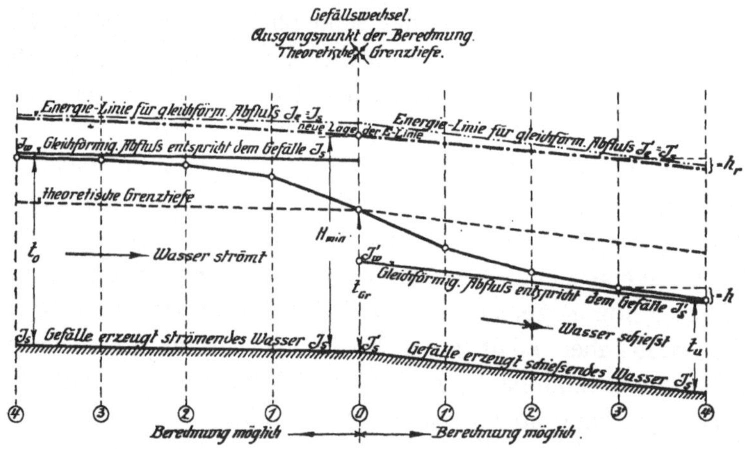


Abb. 9. Schematische Darstellung der Berechnung eines Wasserspiegels beim Übergang vom Strömen zum Schießen, ermöglicht durch einen Gefällswechsel der Sohle. Die Berechnung ist stetig durchführbar.

In Abb. 9 ist zunächst der erste Fall zur Darstellung gebracht. Das Gefälle $J_s$ entspreche strömendem Normalabfluß mit der Tiefe $t_o$ und das Gefälle $J'_s$ entspreche schießendem Normalabfluß mit der Wassertiefe $t_u$. Es muß sich also hier ein Übergang vom Strömen oberhalb zum Schießen unterhalb einstellen, da in einer gewissen Entfernung von dem Gefällswechsel sich in beiden Flußbetten der Normalabfluß eingestellt haben wird.

Will man nun hier die Rechnung durchführen, so stößt man zunächst auf Schwierigkeiten bezüglich des Ausgangspunktes derselben. Beginnt man bei Querschnitt 4' mit der Wassertiefe $t_u$ für schießenden Abfluß und berechnet flußaufwärts, so ergibt sich bis zum Querschnitt 0 der gleichförmige oder der Normalabfluß. Von hier an wird die Berechnung allerdings einen stetig steigenden Wasserspiegel ergeben, der an irgend einer Stelle oberhalb schließlich auf die theoretische Grenztiefe führen muß, wie sich bereits früher ergeben hat.

Der Durchgang durch die theoretische Grenztiefe oder der Übergang vom Strömen zum Schießen käme damit aber auf das stetige Gefälle $J_s$ zu liegen, was jedoch nach den vorigen Ausführungen praktisch und theoretisch undenkbar ist.

Beginnt man umgekehrt in Querschnitt 4, also in strömendem Wasser, so ergibt sich die gleiche Unmöglichkeit, nur käme dann der Übergang in das stetige Gefälle $J'_s$ zu liegen, was natürlich ebenso undenkbar ist. Man sieht also, daß man mit diesen Annahmen der Ausgangspunkte nie zum Ziele käme.

Aus diesen Gründen muß sich der Übergang dort einstellen, wo er allein möglich ist, nämlich in dem Querschnitt durch den Gefällswechselpunkt der Sohle. Obwohl diese Behauptung aus rein theoretischen Betrachtungen hervorgegangen ist, stimmt sie, wie sich später noch zeigen wird, vollkommen mit der Wirklichkeit überein. Es muß sich also im vorliegenden Beispiel der eigentliche Übergang oder die theoretische Grenztiefe im Querschnitt 0 einstellen. Von hier aus bietet nun die Berechnung nach beiden Seiten ganz im Gegensatz zum umgekehrten Übergang vom Schießen zum Strömen keinerlei Schwierigkeiten. Die Energie-Linie hat damit im Querschnitt 0 gleichzeitig ihre Min.-Höhenlage erreicht. Flußaufwärts wird das Gefälle derselben wesentlich steiler als das Sohlengefälle und damit auch steiler als das Energie-Linien-Gefälle für Normalabfluß sein, da die Wassertiefe noch unterhalb derjenigen für den gleichförmigen Abfluß liegt. Auf diese Weise nähert sich schließlich die Energie-Linie derjenigen für Normalabfluß immer mehr, wenn auch die beiden Energie-Linien theoretisch erst in der Unendlichkeit zusammenfallen werden

Flußabwärts von Querschnitt 0 ist es umgekehrt. Hier hat die Energie-Linie zunächst ein wesentlich kleineres Gefälle als die Sohle, da die Wassertiefe über derjenigen für den Normalabfluß liegt. Auch hier nähern sich die Energie-Linien und damit die Wasserspiegel von Querschnitt zu Querschnitt, um schließlich im Unendlichen zusammenzufallen. Man sieht also, daß dieser Fall der Berechnung ohne weiteres zugänglich ist, vorausgesetzt, daß man von der theoretischen Grenztiefe im Gefällswechselpunkt der Sohle die Berechnung beginnt. Ist der Gefällswechsel

kein plötzlicher, sondern wie es meist der Fall sein wird, durch
einen Kreisbogen abgerundet, so muß man denjenigen Querschnitt aufsuchen, in welchem sich die Neigungstangente der
Sohle gleich dem theoretischen Grenzgefälle ergibt, d. h. gleich
demjenigen Gefälle, welches in dem betreffenden Bett als Normal-
abfluß-Tiefe die theoretische Grenztiefe ergeben würde.

Beachtenswert ist die Form des Wasserspiegels, der nach
einer sinusartigen Kurve verläuft und sich asymptotisch an
die beiden Wasserspiegel für den Normalabfluß anschmiegt.  Dies
erklärt sich aus dem bereits früher erwähnten verschiedenen

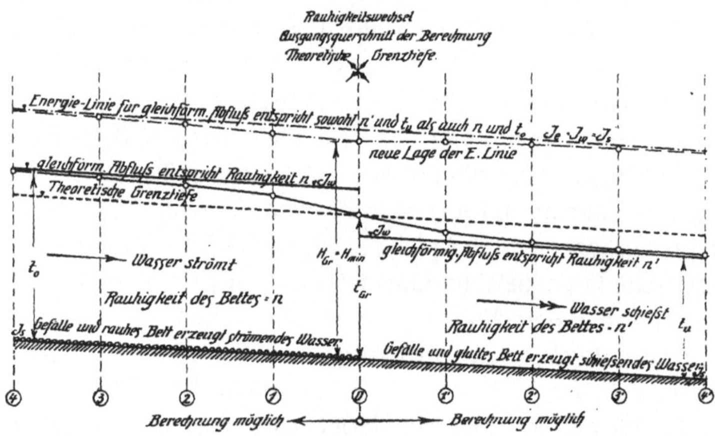


Abb. 10.  Schematische Darstellung der Berechnung eines Wasserspiegels
beim Übergang vom Strömen zum Schießen, ermöglicht durch einen Rauhigkeitswechsel des Flußbettes.  Die Berechnung ist stetig durchführbar.

Empfindlichkeitsgrad der Lage des Wasserspiegels nach seinem
Abstand von der theoretischen Grenzlage.  Die größte Genauigkeit
wird man mithin bei der Berechnung zwischen den Querschnitten
0—1' und 0—1 anzustreben suchen.

Der zweite Fall, bei dem sich praktisch ein Übergang vom
Strömen zum Schießen erzielen läßt, tritt ein, wenn man zwar
das stetige Gefälle der Sohle beibehält, aber die Rauhigkeit des
Flußbettes plötzlich ändert.  Der Fall ist in Abb. 10 dargestellt.
Die Differenz der beiden Rauhigkeitsgrade muß natürlich so
gewählt werden, daß bei dem angenommenen Gefälle der einen
Rauhigkeit strömendes, der andern Rauhigkeit dagegen schießendes
Wasser entspricht.  Da der Einfluß der Rauhigkeit auf die Wasser-

tiefe begrenzt ist, so werden sich die beiden Wasserspiegel in diesem Fall nur in der Nähe der theoretischen Grenztiefe befinden können. Es ist dies auch in der schematischen Darstellung Abb. 10 hervorgehoben.

Für die Berechnung bietet sich nichts neues gegenüber dem ersten Beispiel. Der Ausgangspunkt der Berechnung muß wiederum im Querschnitt durch den Rauhigkeitswechselpunkt des Bettes angenommen werden. Hier stellt sich die theoretische Grenztiefe und damit die Min.-Höhenlage der Energie-Linie ein. Auf dieselbe Art wie vorhin ist dann auch hier die Berechnung ohne weiteres durchführbar. Mithin ergibt sich der Satz:

(16)      **Die Berechnung von Wasserspiegellinien beim Übergang vom Strömen zum Schießen ist im Gegensatz zum umgekehrten Übergang vom Schießen zum Strömen in allen praktisch möglichen Fällen stetig durchführbar.**

## F. Bei einer Querschnittserweiterung.

Nunmehr soll auch eine Querschnitts-Erweiterung daraufhin untersucht werden, ob die Berechnung in allen Fällen stets durchführbar ist. Eine solche ist in Abb. 11 der besseren Übersicht wegen, zunächst einmal schematisch zur Darstellung gebracht. Der Normalabfluß soll strömend sein und eine Wassertiefe $t_0$ besitzen, welche nur wenig über der theoretischen Grenztiefe liegen darf. Der Ausgangsquerschnitt ist der Querschnitt 0, von wo ab die Berechnung flußaufwärts durchzuführen wäre. Infolge der in der Erweiterung verringerten Wassergeschwindigkeit wird auch das Rauhigkeitsgefälle einen kleineren Wert zwischen den Querschnitten 0 und 1 aufweisen. Die Energie-Linie wird mithin ein schwächeres Gefälle als die Sohle besitzen und wenn die Berechnung bis zum Querschnitt 3 durchführbar wäre, müßte sich hier eine Wasserspiegelsenkung gegenüber dem Normalabfluß ergeben. Im vorliegenden Beispiel gelangt man auf diese Weise aber nur bis zum Querschnitt 2', wo sich die neue Energie-Linie bis zur Min.-Höhenlage derselben gesenkt hat. Die Min.-Höhenlage der Energie-Linie ist in der Abb. 11 als gestrichelte Linie eingetragen, sie läßt sich ohne weiteres aus den theoretischen Grenztiefen für das Normalbett und für die Erweiterung konstruieren. Damit hat aber auch hier die Berechnung ihr Ende erreicht, denn von Querschnitt 2′ ab ist ein weiterer Verlauf der Energie-Linie bis zum Querschnitt 3 nicht mehr möglich. Der Wasserspiegel hat nämlich gleichzeitig im Querschnitt 2′ die dort geltende theoretische Grenztiefe erreicht. Da sich das Flußbett aber zwischen den Querschnitten 2 und 3 noch flußabwärts erweitert, so muß der Wasserspiegel auch weiterhin ein

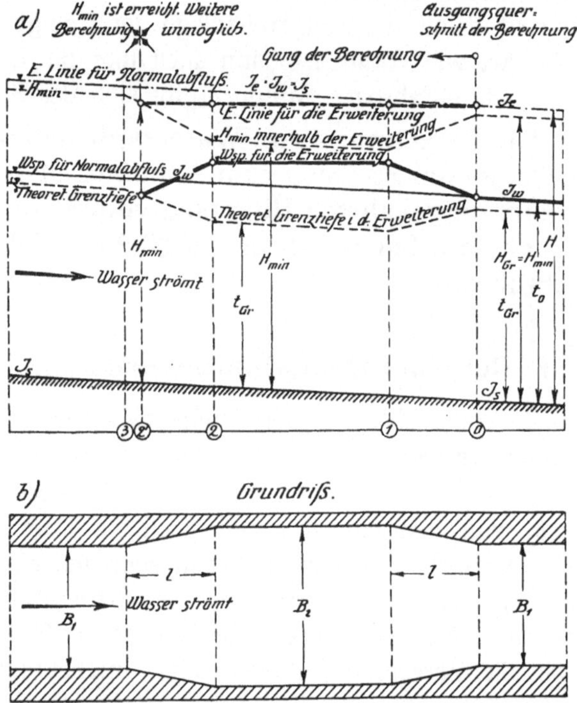


Abb. 11. Schematische Darstellung für die Undurchführbarkeit der Berechnung bei einer Querschnittserweiterung im Flußbett mit strömendem Normalabfluß.

negatives Gefälle aufweisen, wodurch dann im Querschnitt 2′ ein Übergang vom Schießen zum Strömen stattfinden müßte.

Dieser Übergang ist jedoch der Berechnung wie aus dem hergeleiteten Satz (14) hervorgeht, in keinem Falle zugänglich. Die Berechnung muß mithin hier ebenfalls versagen. Der Grenzfall, für welchen gerade noch die Möglichkeit vorhanden wäre, die Berechnung durchzuführen, würde dann eintreten, wenn die Energie-Linie erst in Querschnitt 3 gerade ihre Min.-Höhenlage erreicht hätte. Dann wäre von hier ab eine Weiterrechnung ohne Schwierigkeiten möglich, denn die Energie-Linie würde sich ständig derjenigen für Normalabfluß nähern, da die Wassertiefe $t_{Gr.}$ noch etwas kleiner als $t_0$ wäre und sich infolgedessen ein Reibungsgefälle ergeben müßte, welches das Sohlengefälle übertrifft.

Auch für schießenden Normalabfluß, also für den Fall, daß die Wassertiefe bei einer Querschnittserweiterung nur wenig unter der theoretischen Grenztiefe liegt, läßt sich ähnlich beweisen, daß die Berechnung versagen muß. Da beide Fälle nochmals später in einem Beispiel erläutert sind, genügen diese vorläufigen Feststellungen. Man kann also den Satz aussprechen:

(17) **Die Berechnung von Wasserspiegellinien bei einer Querschnittserweiterung wird in solchen Fällen nicht mehr auf die bisherige Weise durchführbar, wenn die Energie-Linie im normalen Bett so dicht über der Min.-Höhenlage liegt, daß sie innerhalb der Erweiterung durch das veränderte Rauhigkeitsgefälle unter ihre jeweilige Min.-Höhenlage zu liegen käme.**

Dies gilt sowohl für den strömenden als auch für den schießenden Wasserabfluß.

# IV.

## Neues Verfahren für diejenigen strömenden und schießenden Abflußmöglichkeiten, bei denen die bisherige Berechnungsweise undurchführbar ist.

### A. Strömender Normalabfluß und Flußbetteinengung.

Im folgenden sind nun die wichtigsten Abflußmöglichkeiten dargestellt und erläutert, um gleichzeitig das neue Verfahren daran zu entwickeln. Es muß dabei auf teilweise Bekanntes zurückgegriffen werden, weil dies zum Verständnis notwendig erscheint. Bei allen Beispielen ist zunächst ein rechteckiges Bett mit 40 m Sohlenbreite, einem Rauhigkeitsgrad von $n = 0{,}0202$ und einem Wasserabfluß von 550 cbm/sec. zu Grunde gelegt.

In dieses Flußbett ist (siehe die Pläne 1—4) jeweils eine Sohlenerhöhung von 0,425 m Höhe und 20 m Länge eingebaut. Die Übergänge in das normale Bett sind geradlinig und 10 m lang, sodaß ihre Neigungstangente sich zu 0,0425 ergibt. Alle Abbildungen sind in fünffacher Verzerrung dargestellt. Es sollen nun zunächst die Abbildungen auf Plan 1 betrachtet werden. Die Sohlengefälle sind hier so gewählt, daß in allen 3 Fällen der Normalabfluß noch strömend bleibt. Die Reibungsverhältnisse sollen zunächst in der Flußbetteinengung unverändert bleiben, d. h. die Energie-Linie soll keine Änderung gegenüber ihrer Lage bei Normalabfluß erfahren, mithin auch in der Einengung stets parallel zur Sohle verlaufen.

### Fall I (Plan 1 Abb. 1)

ist der einfachste. Die Höhenlage der Energie-Linie für Normalabfluß ist zu $H = 5{,}00$ m angenommen. Daraus berechnet sich nach Gleichung (4) durch Versuchsrechnung $t_0 = 4{,}53$ m und das Sohlengefälle $J_s = 0{,}00072$. Der Wasserspiegel muß sich zwischen Querschnitt 70 und 60 senken, da die Höhenlage der Energie-Linie über der Sohle infolge der Hebung der Sohle in der Einengung geringer geworden ist. Wenn sich die Reibungseinflüsse nicht ändern sollen, muß der Wasserspiegel im Querschnitt 30 wieder seine alte Lage einnehmen. Der Wasserspiegel bleibt mithin wie ersichtlich sowohl im normalen Bett als auch innerhalb der Einengung stets oberhalb der theoretischen Grenztiefe. Die Berechnung auf die bisherige Art ist ohne weiteres durchführbar. Der

Fall II (Plan 1 Abb. 2)

bringt bereits etwas Neues. Er ist als Grenzfall bezeichnet, da die Höhenlage der Energie-Linie gerade so gewählt wurde, daß sie innerhalb der Einengung die Min.-Höhenlage erreicht. Die theoretische Grenztiefe berechnet sich zu:

$$t_{Gr.} = \sqrt[3]{\frac{550^2}{40^2 \cdot g}} = 2{,}681 \text{ m}$$

und damit die Min.-Höhenlage der Energie-Linie $H_{min.}$ zu:

$$^3/_2 \cdot 2{,}681 = 4{,}022 \text{ m}.$$

Da die Sohlenerhöhung 0,425 m beträgt, so wird die Höhe der Energie-Linie über der Sohle im normalen Bett

$$H = 0{,}425 + 4{,}022 = 4{,}447 \text{ m}.$$

Die Wassertiefe berechnet sich daraus zu $t_0 = 3.77$ m und das Gefälle der Sohle bei diesen Annahmen ergibt $J_s = 0{,}00126$. Man sieht, daß der Wasserspiegel im normalen Bett noch weit oberhalb der theoretischen Grenztiefe zu liegen kommt, während er innerhalb der Einengung mit dieser zusammenfällt. Dieser Fall ist auch deshalb mit dem Namen »Grenzfall« bezeichnet, weil die Berechnung gerade noch durchführbar ist, denn es läßt sich für die gewählte Höhenlage der Energie-Linie innerhalb der Einengung gerade noch eine Wassertiefe berechnen, nämlich die theoretische Grenztiefe. Der Wasserspiegel berührt darnach in der Einengung die theoretische Grenztiefe von oben her.

Würde die Energie-Linie im normalen Bett nur um ein geringes Maß tiefer liegen, so wäre keine Durchflußmöglichkeit und daher auch keine Berechnung mehr möglich. Dies ist in

Fall III (Plan 1 Abb. 3)

dargestellt. Die Höhenlage der Energie-Linie im normalen Bett ist zu $H = 4{,}25$ m angenommen. Die daraus sich ergebende Tiefe $t_0$ ist 3,43 m und das Sohlengefälle $J_s = 0{,}00167$. Auch hier liegt demnach der Wasserspiegel im normalen Bett noch um das beträchtliche Maß 3,430 — 2,681 = 0,749 m über der theoretischen Grenztiefe, sodaß der Abfluß noch weit von der Schießgrenze entfernt liegt. Innerhalb der Einengung würde die Energie-Linie dann eine Höhenlage über der Sohle von

$$4,25-0,425 = 3,825 \text{ m besitzen.}$$

Die Min.-Höhenlage beträgt aber, wie schon früher berechnet wurde

$$H_{min.} = 4,022 \text{ m.}$$

Mithin ist ein Durchfluß der geforderten Wassermenge von 550 cbm/sec. nicht möglich, wenn die Energie-Linie ihre Höhenlage beibehalten soll. Das Wasser muß sich also auf irgend eine Weise selbst helfen, denn daß es trotzdem die Einengung durchfließen wird, unterliegt keinem Zweifel. Die Folge davon wird sein, daß sich das Wasser zunächst vor der Einengung aufstaut, bis die Energie-Linie so weit gehoben ist, daß die nötige Geschwindigkeitshöhe vorhanden ist, um die zufließende Wassermenge hindurch zu leiten. Wendet man nun das

Gaussche Prinzip,

welches aussagt, daß sich bei jeder sich selbst überlassenen Bewegung stets derjenige Zustand ausbildet, bei welchem mit dem kleinsten Aufwand an Kraft die maximale Wirkung erzielt wird, auf diesen Fall an, so ergibt sich, daß sich die Energie-Linie nur soweit heben wird, als es unbedingt nötig ist. Sie wird also in allen Fällen die Min.-Höhenlage einnehmen oder diejenige Lage, welche der theoretischen Grenztiefe des Wassers entspricht.

Hier ist nun in der Betrachtung ein großer Sprung gemacht. Rein theoretisch ist diese Behauptung zwar unantastbar, aber eine ganze Berechnung für Wasserspiegellinien darauf aufzubauen, wäre doch etwas gewagt, zumal man weiß, daß die meisten Formeln der Hydraulik, welche auf rein mathematischem Wege abgeleitet sind, schlecht oder gar nicht mit den Tatsachen übereinstimmen. Im vorliegenden Fall aber liegen in den vom Verfasser im Karlsruher Flußbaulaboratorium genau gemessenen Wasserspiegellinien sichere Beweise dafür vor, daß diese Theorie mit sehr guter Annäherung mit den wirklich auftretenden Wasserspiegeln übereinstimmt. Erst nach genauer Prüfung der Ergebnisse auf ihre Richtigkeit hat der Verfasser die weitere Berechnung darauf aufgebaut. Es wird sich später zeigen, daß diese Übereinstimmung auch bei den verwickeltsten Wasserspiegelberechnungen außerordentlich genau ist, was bei Erscheinungen des Wasserabflusses im allgemeinen eine Seltenheit ist. Es muß jedoch noch einmal darauf hingewiesen werden, daß alle in Frage kommenden Fälle nur solche sein können, bei denen sich weder Walzen noch Wirbelbildungen einstellen, denn bei deren Auftreten stimmt die Berechnung, wie sich auch erwarten läßt, nicht mehr genau.

Die Energie-Linie muß sich unter diesen Voraussetzungen in vorliegendem Falle um das Maß 4,022−3,825 = 0,197 m über ihre alte Lage heben. In dieser neuen Lage der Energie-Linie die vorerst, da sich die Reibung nicht ändern soll, parallel zur Sohle verläuft, ließen sich nun außerhalb der Einengung je 2 verschiedene Wassertiefen auffinden, eine oberhalb und eine unterhalb der theoretischen Grenztiefe. Sie sind beide in der Abb. 3 eingetragen und ergeben sich zu $t_o$ = 3.77 m und $t_u$ = 1.97 m.

Welche von diesen 2 Möglichkeiten sich oberhalb bezw. unterhalb einstellen wird, kann man vorerst nicht sagen, es wird aber sofort klar, wenn man die Reibungsveränderungen durch die Einengung mit in die Betrachtung zieht. Es soll bereits im voraus gesagt werden, daß sich oberhalb der strömende Wasserabfluß, also die Tiefe $t_o$ und unterhalb der schießende Wasserabfluß, also die Tiefe $t_u$ einstellen muß. Die Wassertiefe für strömenden Abfluß $t_o$ ergibt sich gleich der für den Grenzfall II berechneten, weil in beiden Fällen die Energie-Linie ihre Min.-Höhenlage einnimmt.

Vergleicht man alle 3 Fälle, so läßt sich eine äußerst wichtige Tatsache erkennen.

Im ersten und zweiten Fall wurde die Wasserspiegellage weder oberhalb noch unterhalb der Einengung gegenüber derjenigen im normalen Bett verändert, weil keine Änderung der Reibungsgrößen vorausgesetzt war. Die Änderung des Wasserspiegels erstreckte sich lediglich auf die Einengung selbst.

Ein ganz anderes Bild zeigt sich jedoch im dritten Fall. Auch hier wurde die Änderung der Reibung außer Acht gelassen und trotzdem hat sich der Wasserspiegel am oberen Ende der

Einengung um das beträchtliche Maß von 3.77—3.43 = 0.34 m gehoben und am unteren Ende sogar um den Wert 1.460 m gesenkt. Diese Hebung des Wasserspiegels hat also mit der Reibung nichts zu tun, sondern war lediglich nötig, um das Wasser überhaupt durch die Einengung hindurch zu schaffen. Auch sieht man sofort, daß sich für alle Tiefen im normalen Bett zwischen der theoretischen Grenztiefe und der im Fall II berechneten „Grenzströmungstiefe ohne Reibung" dieselbe Wasserspiegelhebung am Einlauf der Einengung ergeben muß. Dies ist jedoch nur dann der Fall, wenn die Reibungserscheinungen innerhalb der Einengung vernachlässigt werden.

Diese Tatsache, daß der Wasserspiegel oberhalb einer Einengung bis zu einem gewissen Maß ganz unabhängig von der Wassertiefe im normalen Bett ist, wurde erstmalig durch Prof. Rehbock anläßlich der von ihm in größtem Umfange begonnenen Brücken-Stauversuche im Modell erkannt. Hier ist auf rein theoretischem Wege das gleiche Ergebnis gefunden, es zeigt sich also vollste Übereinstimmung der Beobachtung mit der Theorie.

Die Grenze, bis zu welcher diese Erscheinung eintritt, ist die im Fall II dargestellte und schon früher entwickelte theoretische Grenzströmungstiefe. In dieser Tatsache liegt ein einfaches Mittel, um dieselbe für jeden Fall durch den Versuch festzustellen. Geht man nämlich im normalen Bett von der theoretischen Grenztiefe aus und steigert die Wassertiefe beständig, so hat dieselbe in dem Augenblick die Grenzströmungstiefe erreicht, wo der Wasserspiegel oberhalb der Einengung anfängt zu steigen. Inwieweit diese Ergebnisse mit der Berechnung übereinstimmen, wird eine spätere Zusammenstellung ergeben.

Genau dieselben drei Fälle, jedoch mit Berücksichtigung der durch die Einengung bedingten Reibungsverluständerungen sind in

Plan 2

dargestellt. Der erste Fall (Abb. 1) bietet wieder nichts Neues. Man erkennt nur die außerordentlich geringe Hebung des Wasserspiegels am oberen Ende der Einengung, veranlaßt durch die etwas höhere Lage der Energie-Linie daselbst.

Der zweite Fall (Abb. 2) stellt wieder den Grenzfall dar. Da die Energie-Linie hier ihre parallele Lage zur Sohle nicht mehr innerhalb der Einengung beibehält, sondern zwischen den Quer-

schnitten 70 und 60 eine der geringeren Wassertiefe entsprechende
stärkere Neigung aufweist, mußte, damit wiederum der Grenzfall
eintritt, die Wassertiefe im normalen Bett gegenüber dem entsprechenden Fall auf Plan 1 verkleinert, bezw. das Sohlengefälle
vergrößert werden. Hier hat man den eigentlichen auf Seite 34
entwickelten und in Formel (12) dargestellten Grenzströmungs-
fall vor sich.

Das Rauhigkeitsgefälle zwischen den Querschnitten 70 und
60 also auf dem Übergang reicht gerade noch aus, um die Energie-
Linie im Querschnitt 60 auf ihre Min.-Höhenlage zu heben. Es
wird außerdem in diesem Querschnitt die theoretische Grenztiefe
vom Wasserspiegel von oben her berührt. Die Wassertiefe im
normalen Bett von $t = 3.753$ m stellt mithin die theoretische Grenzströmungstiefe für die gewählten Verhältnisse dar. Weiter flußaufwärts steigt der Wasserspiegel infolge der sehr großen Empfindlichkeit bezüglich der Lage der Energie-Linie schnell an und er
sowohl wie die langsamer steigende Energie-Linie entfernen sich
wieder von der theoretischen Grenztiefe bezw. der Min.-Höhen-
lage, da die größeren Reibungsverluste innerhalb der Einengung
ein Gefälle der Energie-Linie bedingen, welches das Sohlengefälle
übertrifft. Die Wasserspiegelhebung in Querschnitt 30 erreicht
in diesem Fall schon ein wesentlich größeres Maß, als im Fall I,
jedoch ist auch diese Hebung lediglich veranlaßt durch die
größeren Reibungsverluste innerhalb der Einengung.

Da dieser Fall gleichzeitig den Grenzfall darstellt, so ist die
Hebung des Wasserspiegels am Einlauf der Einengung das Größt-
maß, welches lediglich durch Reibungserscheinungen erreicht
werden kann.

Die letzte Abb. des Planes 2 endlich stellt den Fall III unter
Berücksichtigung der veränderten Reibung dar. Wie bereits gezeigt
wurde, genügt hier die auf dem Übergang, also zwischen Querschnitt 70 und 60 vorhandene Reibungsverlusthöhe nicht mehr,
um die Energie-Linie auf die Min.-Höhenlage in Querschnitt 60
zu heben. Sie wird sich mithin nach den früheren Ausführungen
hier bis zu dieser Mindest-Höhe heben müssen, da sonst das
Wasser nicht durch das eingeschränkte Flußbett hindurchfließen
kann. Es tritt jetzt die Frage auf, in welchem der beiden Querschnitte 40 oder 60 diese Min.-Höhenlage der Energie-Linie auftreten muß. Bei der Betrachtung des Grenzfalles hatte sich gezeigt,

daß vom Querschnitt 60 ab, also vom unteren Ende der Einengung sowohl die Energie-Linie als auch der Wasserspiegel sich
wieder von der Grenzlage entfernen. Der kritische Querschnitt,
in welchem, um die Rechnung noch durchzuführen, die Min.-
Höhenlage erreicht sein muß, liegt daher bei Querschnitt 60.
Es muß mithin die theoretische Grenztiefe am unteren Ende
der größten Einengung angenommen werden. Es ist auch
sofort ersichtlich, daß, wenn die theoretische Grenztiefe bezw.
die Min.-Höhenlage der Energie-Linie im Querschnitt 40 angenommen würde, wie es eigentlich verständlicher wäre, da
das Wasser durch diesen Querschnitt zunächst hindurchfließt, die
Rechnung stromabwärts sofort wieder versagen muß. Die Energie-
Linie hat nämlich von hier aus abwärts ein stärkeres Gefälle als
die Sohle, sodaß sie sofort im nächsten Querschnitt bereits wieder
unter die Min.-Höhenlage zu liegen käme. Es kommen nunmehr
2 Energie-Linien in Betracht  Die ursprüngliche für das normale
Flußbett und die im kritischen Querschnitt bis zur Min.-Höhen-
lage gehobene.

Verfolgt man nun die Berechnung zunächst einmal flußaufwärts, so ist es klar, daß der ganze Einfluß der Einengung in
einer bestimmten Entfernung von derselben wieder verschwunden
sein wird, denn der Wasserspiegel sowohl aufwärts wie abwärts
wird das Bestreben haben, sich möglichst schnell wieder in diejenige Lage einzustellen, die dem normalen Abfluß entspricht.
Da dieser aber strömend ist, kann auch flußaufwärts vom kritischen Querschnitt 60 der Wasserspiegel nur über die theoretische
Grenztiefe ansteigen, d. h. der Abfluß muß flußaufwärts strömend
werden. Dadurch wird die Wassertiefe flußaufwärts auf dem
Übergang schließlich einen größeren Wert als diejenige für den
normalen Abfluß einnehmen. Von dieser Stelle ab wird dann
die gehobene Energie-Linie ein geringeres Gefälle als dasjenige
der früheren Energie-Linie einnehmen, sodaß beide Energie-Linien
sich schließlich wieder vereinigen werden. Damit fallen auch die
Wasserspiegel wieder zusammen, wodurch der Einfluß der Einengung flußaufwärts verschwunden ist.

Würde dagegen die andere Annahme zutreffen, daß sich
vom kritischen Querschnitt 60 ab flußaufwärts die Wassertiefe
für die gehobene Energie-Linie unter die theoretische Grenztiefe
einstellt, so würde die weitere Berechnung schließlich die Was-

sertiefe immer kleiner und kleiner werden lassen und schließlich den Wert »o« ergeben, da das Gefälle der gehobenen Energie-Linie immer steiler werden würde und sie daher niemals mit derjenigen für Normalabfluß zusammenfallen könnte. Eine solche Annahme würde also zu Trugschlüssen führen.

Verfolgt man nunmehr die Berechnung stromabwärts vom kritischen Querschnitt, so ergibt sich hier gerade das Gegenteil. Würde man flußabwärts im Querschnitt 70 die strömende Wassertiefe, die zu der gehobenen E.-Linie gehört, als richtig annehmen, so müßte das Gefälle der gehobenen Energie-Linie, da die Wassertiefe größer wäre als die zum Normalabfluß gehörige, ein schwächeres Gefälle als die ursprüngliche Energie-Linie aufweisen. Dadurch würde die Wassertiefe flußabwärts, da das Sohlengefälle stärker als das der Energie-Linie würde, immer größer werden und schließlich den Wert »unendlich« ergeben. Damit also auch hier der ursprüngliche Zustand jemals wieder erreicht werden kann, muß die gehobene Energie-Linie umgekehrt ein stärkeres Gefälle als die ursprüngliche aufweisen. Dies wird nur dann erreicht, wenn die Wassertiefe vom kritischen Querschnitt 60 an sich unterhalb der theoretischen Grenztiefe einstellt, das heißt sich unterhalb der Einengung ein schießender Abfluß ausbildet.

Der Normalabfluß für das angenommene Bett war jedoch ein strömender. Es liegt also die Notwendigkeit vor, daß sich unterhalb der Einengung ein Übergang vom Schießen zum Strömen einstellen muß, wenn der Wasserabfluß je wieder in den Normalabfluß übergehen soll. Jetzt wird es auch verständlich, wie man das schon früher erwähnte schießende Wasser in einem Flußbett mit strömendem Normalabfluß künstlich erzeugen kann. Ein solcher Fall ist hier durch den Einbau der Einengung geschaffen.

Die Berechnung von Querschnitt 70 flußabwärts weitergeführt wird schließlich, da sich die Energie-Linie schneller als die Sohle senkt, bis auf die Min.-Höhenlage der Energie-Linie bezw. die theoretische Grenztiefe führen. Betrachtet man nun die Ausführungen auf Seite 39 sowie die Abb. 7, so sieht man, daß hier das gleiche Beispiel vorliegt. Das Ergebnis jener Untersuchung war in Satz (14) dahin zusammengefaßt, daß ein Übergang vom Schießen zum Strömen in keinem Falle mit den abgeleiteten Formeln stetig durchführbar ist.

Die stetige Durchführung der Berechnung muß daher hier versagen, da das Wasser nicht ohne weiteres abfließen kann, bezw. sich nicht allmählich unterhalb auf seinen Normalabfluß einstellen könnte. Aber auch hier weiß das Wasser die theoretischen Schwierigkeiten zu umgehen. **Wenn ein stetiger Übergang nicht möglich ist, so muß sich ein plötzlicher Übergang ausbilden.** Dies ist auch tatsächlich der Fall. Es tritt hier die schon seit langer Zeit bekannte Erscheinung auf, daß das Wasser plötzlich seinen Fließzustand ändert und zwar **kann das nur in demjenigen Querschnitt stattfinden, in welchem sich die beiden Energie-Linien schneiden.**

Es wurde bereits öfter gesagt, daß zu jeder Lage der Energie-Linie 2 Werte für die Wassertiefe gehören. Es ist mithin theoretisch ohne weiteres möglich, daß man im Schnittpunkte der beiden Energie-Linien die Berechnung anstatt mit der einen Wassertiefe mit der anderen fortsetzt.

Dieser plötzliche Wechsel der Fließart des Wassers wurde bisher allgemein mit dem Namen »**Wassersprung**« bezeichnet. Es soll künftig hier bei der Berechnung von Wasserspiegellinien ein etwas treffenderer Ausdruck, nämlich

»**Wechselsprung**«

gewählt werden. Diese Bezeichnung ist insofern begründet, als hier tatsächlich nichts weiter als ein sprunghafter Wechsel der Fließart des Wassers eintritt.

Abwärts von dieser Stelle, wo sich die Energie-Linien schneiden, bietet die Berechnung keinerlei Schwierigkeiten mehr, denn die Wassertiefe ist damit gleich derjenigen für Normalabfluß geworden, d. h. weiter flußabwärts verläuft die Energie-Linie und der Wasserspiegel parallel zur Sohle.

Faßt man noch einmal das Ergebnis für die Berechnung des Falles III zusammen, so ergibt sich folgendes:

(18)     **Bei strömendem Normalabfluß muß in Fällen, bei denen die bisherige Berechnung bei einer Querschnittseinengung versagt, die theoretische Grenztiefe in dem am meisten flußabwärts gelegenen Querschnitt der größten Einengung angenommen werden. Die Wassertiefe flußaufwärts muß oberhalb der theoretischen Grenztiefe, die Wassertiefe**

**flußabwärts dagegen unterhalb der theoretischen Grenztiefe liegen. Im Schnittpunkt der beiden Energie-Linien unterhalb der Einengung muß sich ein Wechselsprung einstellen.**

## B. Der Wechselsprung.

Der Erscheinung des Wechselsprunges sind wohl in jedem Lehrbuch des Wasserbaues größere Abschnitte gewidmet. Unter anderem hat Prof. Möller[1]) in einem Aufsatz über »Ungleichförmige Wasserbewegung« eingehend darüber geschrieben.

Wenn in Satz (14) ausgesagt ist, daß die Berechnung des Überganges vom Schießen zum Strömen mit Hilfe der Gleichung (2) nicht möglich ist, so hatte dies seinen Grund darin, daß der plötzliche Sprung und die Unstetigkeit in dieser Formel nicht zum Ausdruck kommen. Die ausgeführten Untersuchungen haben aber gezeigt, daß durch den Schnittpunkt der beiden Energie-Linien eine Möglichkeit gegeben ist, den Übergang rein rechnerisch zu erfassen, d. h. seine genaue Lage und Höhe zu bestimmen. Betrachtet man daraufhin auch den Übergang vom Strömen zum Schießen zunächst in einem vollkommen stetigen Bett, welcher Fall der Berechnung nach Satz (15) ebenfalls unzugänglich war, so sieht man aus der Abb. 8, daß sich hier auch kein Schnittpunkt der Energie-Linien ergibt. Mithin ist auch das besprochene neue Verfahren mit Einführung eines Wechselsprunges dafür nicht anwendbar. Wie bereits früher erwähnt wurde, ist für diesen Fall überhaupt keine praktische und theoretische Lösung möglich. Anders ist es dagegen mit dem Übergang vom Strömen zum Schießen bei einem Gefälls- oder Rauhigkeitswechsel der Sohle, denn dieser Fall war der Berechnung bereits ohne weiteres zugänglich.

Rümelin sagt in seiner Schrift: „Wie bewegt sich fließendes Wasser"[2]), daß es zwischen den einzelnen Fließzuständen des Wassers Übergänge gibt, die entsprechend der Natur des Wassers sich durchaus stetig und lückenlos darbieten. Wie gezeigt, trifft dies nicht für alle Fälle wirklich zu.

---

[1]) M. Möller, Ungleichförmige Wasserbewegung, Zeitschr. d. Arch. u. Ing. V. Hannover Jahrg. 1894 S. 582 u. 1896 S. 475.

[2]) Th. Rümelin, Wie bewegt sich fließendes Wasser? Dresden 1913.

Möller kommt in der erwähnten Abhandlung durch einen anderen Beweis als er hier geführt ist, ebenfalls zu dem Ergebnis, daß sich der Übergang vom Schießen zum Strömen möglichst steil, dagegen der Übergang vom Strömen zum Schießen möglichst flach einzustellen sucht.

Theoretisch muß der Übergang vom Schießen zum Strömen ein durchaus plötzlicher sein, da der Vorgang sich im Schnittpunkt der beiden Energie-Linien abspielt. Es verwandelt sich hierbei die größere kinetische Energie des ankommenden schießenden Wassers in potentielle Energie bezw. in größeren statischen Druck des strömenden Wassers. Geschwindigkeit wird in Druckhöhe umgesetzt, und bei dieser Umwandlung geht theoretisch keine Energie verloren.

In Wirklichkeit wird sich natürlich das Wasser nicht absolut senkrecht aufbäumen und ruhig genau in der Normalwassertiefe weiterfließen, weil dies dem Beharrungsvermögen des Wassers widerspricht; es treten vielmehr eine Anzahl Reaktionswellen auf, die sich jedoch bald wieder verlieren. In wieweit diese Wellen Energie verzehren, läßt sich ohne genaue Versuche nicht feststellen. Im ungünstigsten Falle kann der Energie-Verlust jedoch nur verschwindend klein sein, denn die Berechnung des Wasserspiegels an dieser Stelle ohne Berücksichtigung dieses Mehr-Verlustes durch die Wellen stimmt mit den Beobachtungen sehr genau überein.

Dies gilt aber nur für diejenigen Fälle, wo sich noch ein reiner Wechselsprung darbietet. Die ganze Erscheinung wird sofort eine andere, wenn die Höhe der Wasserwand zu groß wird und dadurch nach vorn, also flußaufwärts umkippt. Das überstürzende Wasser wird dann wieder von dem ankommenden schießenden Wasser mitfortgerissen, wodurch sich schließlich ein Gleichgewichtszustand ausbildet, der sich in Form einer Deckwalze darstellt. Eine solche kann mithin auch als ein umgekippter Wechselsprung angesehen werden.

Über die Erscheinung der Deckwalze hat bereits Professor Rehbock eingehendere Untersuchungen angestellt und auf den überaus großen Energie-Verbrauch solcher Walzen hingewiesen.

Da der Wechselsprung im Augenblick des Umkippens, also im Augenblick der Bildung der Deckwalze schnell stromaufwärts wandert, so ist dies ebenfalls ein Beweis des großen Energie-

Bedarfs der Deckwalze. Dadurch senkt sich nämlich die gehobene Energie-Linie schneller und der Schnittpunkt verlegt sich flußaufwärts. Da die Untersuchungen hierüber jedoch noch nicht abgeschlossen sind, so wäre es verfrüht, auch solche Fälle mit in die Berechnung einzuziehen.

Bis zu welcher Höhe sich der steile Wasseranstieg ohne Bildung einer Deckwalze erhält, hängt jedenfalls von der Höhenlage der Energie-Linie über der Minimallage und von der Rauhigkeit der Sohle ab, die das Gefälle der Energie-Linien bedingt. Auch dürfte die Geschwindigkeitsverteilung im Querschnitt dabei eine große Rolle spielen. Bei allen in dieser Arbeit durchgerechneten Beispielen war ein Umkippen des Wechselsprunges noch nicht zu beobachten. Bei den folgenden Betrachtungen ist daher stets der reine nicht umgekippte Wechselsprung gemeint.

Die Höhe eines Wechselsprunges ist für einen bestimmten Bettquerschnitt und eine bestimmte Wassermenge nur abhängig von der Höhenlage der Energie-Linie, nicht aber vom Gefälle oder von der Rauhigkeit des Flußbettes, da sie nur die Differenz der beiden zu einer Energie-Linien-Höhenlage gehörigen Wassertiefen darstellt. In der graphischen Auftragung der Abb. 4 ist daher diese Differenz der beiden Wassertiefen schon als „Höhe des Wechselsprunges" bezeichnet worden. Mann kann also hier für jedes H sofort die dazu gehörige Höhe des Wechselsprunges abgreifen, jedoch gilt dies nur für einen ganz bestimmten Wert

$$C = \frac{Q^2}{b^2 \cdot 2g},$$ d. h. für eine bestimmte Minimal-Höhenlage der Energie-Linie $H_{min} = 1.5 \sqrt[3]{\dfrac{Q^2}{b^2 \cdot g}}$ über der Sohle.

Um nun die Berechnung praktisch durchzuführen, d. h. um den Schnittpunkt der beiden Energie-Linien in Fall III Plan 2 zu finden, kann man am einfachsten das graphische Verfahren benützen, indem man die durch Rechnung ermittelten Werte $H_u$ für den schießenden Wasserabfluß aufträgt und feststellt, wo die damit sich ergebende Energie-Linie diejenige für den Normalabfluß schneidet. Da die letztere parallel zur Sohle verläuft, so liegt hier der Schnittpunkt einer Kurve mit einer zur Sohle parallelen Geraden vor.

Bei den geringen Höhenunterschieden wird der Winkel der beiden Energie-Linien äußerst klein und damit der Schnittpunkt sehr unsicher. Es ist deshalb für eine genaue Berechnung das rechnerische Verfahren zur Bestimmung des Schnittpunktes dem graphischen vorzuziehen. Um dies zu ermöglichen, muß man die Berechnung für das schießende Wasser soweit fortsetzen, bis sich für die Höhenlage H der Energie-Linie über der Sohle ein kleinerer Wert als für den Wert H im normalen Bett ergibt. Da die Berechnung bis zur theoretischen Grenztiefe, also bis zum Wert $H_{min}$ fortgesetzt werden kann, so muß sich stets ein solcher Schnittpunkt ergeben. Betrachtet man nunmehr beide Energie-Linien zwischen den angrenzenden Querschnitten als Gerade, so ergibt sich für die Entfernung des Schnittpunktes vom flußaufwärts liegenden Rechnungsquerschnitt folgende Beziehung: (s. Abb. 12)

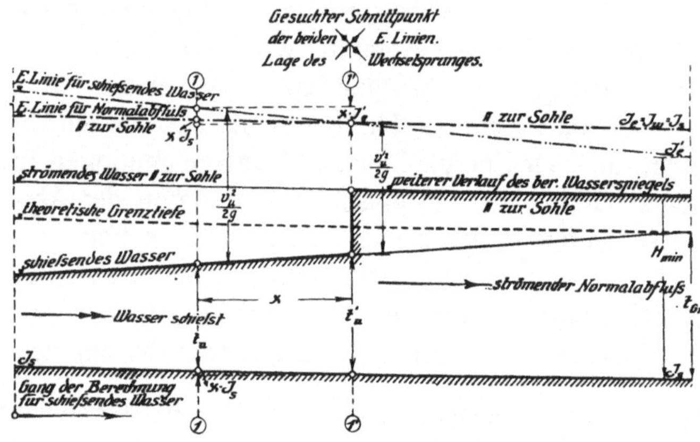


Abb. 12. Schematische Darstellung für die Auffindung des Schnittpunktes zweier Energie-Linien bei konstanter Höhenlage der einen über der Sohle und Berechnung der anderen.

$$t'_u + x \cdot J'_e + \frac{v'^2_u}{2g} = x \cdot J_s + t_u + \frac{v^2_u}{2g}$$

$$x \cdot J'_e - x \cdot J_s = t_u - t'_u - \left( \frac{v'^2_u}{2g} - \frac{v^2_u}{2g} \right)$$

$$x \cdot (J'_e - J_s) = t_u - t'_u - h_g, \text{ da } \left( \frac{v'^2_u}{2g} - \frac{v^2_u}{2g} \right) = h_g \text{ ist.}$$

Mithin

$$(19) \qquad x = \frac{t_u - t'_u - h_g}{J'_e - J_s}$$

worin $t'_u$ diejenige Wassertiefe für schießenden Abfluß bedeutet, die der Höhenlage der Energie-Linie bei gleichförmigem Abfluß entspricht. Für die Auffindung dieser Tiefe steht die Gleichung (10) zur Verfügung. Sie lautet:

$$t_u - t_o = \frac{H - 3\,t_o}{2} + (H - t_o)\sqrt{0{,}25 + \frac{t_o}{(H - t_o)}}$$

Hierin ist H die gegebene Höhenlage der Energie-Linie für den Normalabfluß und $t_o$ die ebenfalls für den Normalabfluß bereits bekannte Wassertiefe. Mit dem Wert $t_u - t_o$ und $t_o$ selbst ist aber auch $t_u$ gefunden. Damit sind alle Größen für die Berechnung des Wertes x in Gleichung (19) gegeben.

Faßt man die Berechnung des Wechselsprunges zusammen, so ergibt sich folgendes: Man berechnet zunächst den Wasserspiegel bei schießendem Wasser so weit, daß der Wert H unterhalb des gegebenen Wertes H für Normalabfluß zu liegen kommt. Für die Bestimmung des eigentlichen Schnittpunktes wendet man für zwei dicht angrenzende Querschnitte die Formel (19) an. Flußabwärts dieses Schnittpunktes fällt der berechnete Wasserspiegel mit demjenigen für Normalabfluß zusammen.

In diesem soeben betrachteten Falle war der Abstand einer Energie-Linie von der Sohle konstant, während sich derselbe für die andere jeweils durch Rechnung ergab. Es kann nun aber auch der Fall eintreten, daß beide Energie-Linien erst durch Rechnung zu bestimmen sind, wodurch die Bestimmung des Schnittpunktes etwas umständlicher wird. Man kann sich diesen Fall vorstellen, wenn z. B. im Fall III Plan 2 der strömende Wasserspiegel noch unterhalb des Überganges vom Schießen zum Strömen angestaut würde. Es müßte dann dieser Wasserspiegel von dem bekannten Punkte unterhalb flußaufwärts berechnet werden, wodurch sich zwei Berechnungen entgegen kommen und zwar das eine Mal der schießende Abfluß von der Einengung flußabwärts und das andere Mal der strömende von einem beliebigen Ausgangspunkte weiter unterhalb flußaufwärts. Ein solcher Fall, der schon äußerst verwickelt ist, ist später bei den Beispielen durchgerechnet. Gesucht ist auch wieder der Schnittpunkt der beiden sich nähernden E.-Linien.

Zur ungefähren Bestimmung des Schnittpunktes wäre auch wieder die graphische Auftragung am einfachsten, besonders wenn man eine genügend starke Verzerrung wählt. In Wahrheit sind natürlich hier beide Energie-Linien keine Geraden und genau genommen müßte man daher erst die Gleichung für dieselben festlegen, um auf analytischem Wege den Schnittpunkt absolut genau zu erhalten. Dies wäre aber eine unnütze Arbeit, zumal man auf kurze Entfernung die Energie-Linien hinreichend genau als Gerade betrachten kann. Wie auf Abb. 13 dargestellt, ergeben sich nunmehr in den zwei angrenzenden Querschnitten 1 und 1' vier verschiedene Werte von H. $H_o$ und $H'_o$ gelten für den strömenden Abfluß und $H_u$ und $H'_u$ für den schießenden

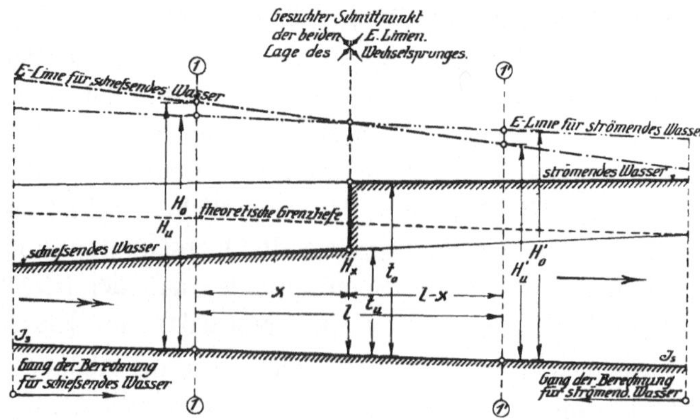


Abb. 13. Schematische Darstellung für die Auffindung des Schnittpunktes zweier Energie-Linien, wenn die Berechnung derselben sich entgegen kommen, nnd keine von beiden parallel zur Sohle verläuft.

Abfluß. Diese Werte ermitteln sich ohne weiteres aus der Rechnung. Es läßt sich nun daraus, da der Abstand der beiden angrenzenden Querschnitte 1 und 1' ebenfalls gegeben bezw. gewählt ist, x oder auch l—x berechnen. Es verhält sich nämlich:

$$(H_u - H_o) : (H'_o - H'_u) = x : (l - x)$$

$$(l - x)(H_u - H_o) = x(H'_o - H'_u) \quad \text{mithin}$$

$$(20) \qquad x = \frac{l\,(H_o - H_u)}{(H_o - H_u) - (H'_o - H'_u)}$$

Ist dieser Wert x gefunden, so berechnet sich leicht die im Schnittpunkt vorhandene Höhenlage der Energie-Linie selbst zu:

$$(21) \qquad H_x = \frac{(H_u - H'_u)(l - x)}{l} + H'_u$$

Zu dieser Höhenlage berechnet man nunmehr die beiden Wassertiefen, womit der Übergang vom schießenden zum strömenden Wasser festgelegt ist. Die Höhe des auftretenden Wechselsprunges ist wieder gleich der Differenz dieser beiden Wassertiefen. Der wesentliche Unterschied dieses Falles vom vorigen liegt darin, daß die Berechnung vom Übergangsquerschnitt an flußabwärts nicht auf den Wasserspiegel für Normalabfluß führt, sondern daß die Berechnung von hier weiter geführt ist, bezw. mit der von unten nach oben durchgeführten Berechnung zusammentrifft. Die Beispiele sowie eine Tabelle werden diese Betrachtungen noch entsprechend erläutern.

Aus der Abb. 13 lassen sich noch weitere wichtige Schlüsse über die Lage des Wechselsprunges ziehen. Würde z. B. die Energie-Linie für strömendes Wasser gehoben und diejenige für schießendes Wasser liegen bleiben, was leicht dadurch zu erreichen wäre, daß man das strömende Wasser noch mehr anstaut, so müßte der Schnittpunkt der Energie-Linien weiter aufwärts zu liegen kommen, mithin auch der Wechselsprung aufwärts wandern. Diese Erscheinung läßt sich im Modell sehr schön beobachten. Stets wird der Wechselsprung an diejenige Stelle wandern, wo sich die beiden Energie-Linien schneiden müssen. Vergrößert man die Rauhigkeit des Flußbettes, so werden beide Energie-Linien ein größeres Gefälle aufweisen und mithin auch der Schnittpunkt derselben weit stromaufwärts verlegt werden, wodurch auch hier der Wechselsprung stromaufwäts wandern muß. Es ist sogar möglich, die Geschwindigkeit zu ermitteln, mit welcher dieses Wandern des Wechselsprunges vor sich gehen muß, worüber auch bereits Möller und Feifel[1]) einige Betrachtungen angestellt haben. Diese Erscheinung gehört aber bereits in das Gebiet der nicht stationären Strömung, für welche diese Berechnung von Wasserspiegeln keine Gültigkeit besitzt. Immerhin wird man aber bei schwankender Lage der Energie-Linie in einem Fluß die Grenzfälle für die Lage des Wechselsprunges berechnen, wenn man auf eine genaue Kenntnis des Wasserspiegels für alle Wasserstände Wert legt.

---

[1]) E. Feifel, Über die veränderliche, nicht stationäre Strömung in offenen Gerinnen, insbesondere über Schwingungen in Turbinen-Triebkanälen. Berlin 1915.

## C) Schießender Normalabfluß und Flußbetteinengung.

Genau die nämlichen Abflußmöglichkeiten, wie sie auf Plan 1 und 2 für strömenden Normalabfluß dargestellt sind, sind auf Plan 3 und 4 für schießenden Normalabfluß zur Darstellung gebracht. Und zwar auf

Plan 3

zunächst wieder ohne Berücksichtigung der veränderten Reibungsgrößen durch die Einengung. Alle Fälle sind wieder zahlenmäßig durchgerechnet. Der

Fall I (Abb. 1)

bedarf wohl keiner weiteren Erläuterung. Der Wasserspiegel muß sich innerhalb der Einengung heben, also die genaue Umkehrung wie bei strömendem Wasser. Dies hat darin seinen Grund, daß bei schießendem Wasser die Wassertiefe mit fallender Energie-Linien-Höhe zunimmt, während sie bei strömendem Wasser mit fallender Energie-Linien-Höhe abnimmt. Im Querschnitt 60 ist, da die Energie-Linien-Lage sich nicht ändert, wieder die Wassertiefe für Normalabfluß erreicht. Der

Fall II (Abb. 2)

stellt wiederum den Grenzfall dar. Das Sohlengefälle ist so gewählt, daß die Höhenlage der Energie-Linie für Normalabfluß innerhalb der Einengung gerade die dort mögliche Min.-Höhenlage einnimmt. Infolgedessen muß der Wasserspiegel hier mit der theoretischen Grenztiefe zusammenfallen, und berührt demnach in diesem Fall innerhalb der Einengung die theoretische Grenztiefe von unten her. Der

Fall III (Abb. 3)

entspricht dem Fall III auf Plan 1. Die Höhenlage der Energie-Linie ist im normalen Bett wieder mit H = 4.25 m angenommen. Dafür ergibt sich eine Wassertiefe $t_u$ = 2.14 m und ein Sohlengefälle von $J_s$ = 0,0072 für das angenommene Flußbett. Innerhalb der Einengung wird der Wert H um 0,425 m verringert, also zu 3,825 m werden. Die Min.-Höhenlage beträgt aber 4,022 m Es liegt mithin wieder der Fall vor, daß das Wasser die Einengung nicht durchfließen kann. Aus demselben Grund wie früher muß sich die Energie-Linie auch hier auf ihre Min.-Höhenlage innerhalb der Einengung heben. Im vorliegenden Beispiel also um das Maß 0,197 m. Ohne Berücksichtigung der Reibung läßt sich auch hier wieder nichts über den weiteren Verlauf des Wasserspiegels aussagen. Es sind daher in der Abb. 3 zunächst beide Möglichkeiten dargestellt. Es wird sich jedoch zeigen, daß oberhalb ein strömender und unterhalb ein schießender Abfluß sich einstellen muß.

Betrachtet man wieder alle drei Fälle gemeinsam, so zeigt sich, wenn man noch berücksichtigt, daß sich bei schießendem Wasser alle Einflüsse unterhalb der Unstetigkeit bemerkar machen müssen, folgendes: In den ersten beiden Fällen hatte sich der Wasserspiegel im Querschnitt 60 wieder auf seine ursprüngliche Höhe im normalen Bett eingestellt. Im dritten Falle dagegen war im Querschnitt 60 trotz der Nichtberücksichtigung der Reibung eine Wasserspiegelsenkung eingetreten, die lediglich von der Hebung der Energie-Linie herrührte. Die Wassertiefe beträgt hier 1.97 m statt 2.14 m und ist wieder genau so groß als diejenige des Grenzfalles II.

Mit Berücksichtigung der durch die Einengung veränderten Reibungsgrößen sind alle Fälle noch einmal auf

Plan 4

zur Darstellung gebracht. Im Fall I (Abb. 1) erkennt man, daß sich am Einlauf in die Einengung keine Änderung des Wasserspiegels, wohl aber am Auslauf eine kleine Absenkung desselben einstellt. Diese ist bedingt durch die höhere Lage der Energie-Linie gegenüber derjenigen für Normalabfluß, welche wiederum ihren Grund in dem verringerten Reibungsgefälle innerhalb der Einengung hat.

Der Grenzfall unter diesen Verhältnissen ist durch Fall II (Abb. 2) dargestellt. Die Höhenlage der Energie-Linie gegenüber dem gleichen Grenzfall ohne Berücksichtigung der Reibung mußte hier auch wieder verändert werden und zwar erniedrigt, damit gerade im Querschnitt 40 die Min.-Höhenlage erreicht wird. Gegenüber dem gleichen Fall für strömenden Normalabfluß (Plan 2 Abb. 2) besteht hier ein auffallender Unterschied, nämlich der, daß der kritische Querschnitt nicht am Ende der größten

Einengung, sondern am Anfang derselben also im Querschnitt 40 sich befindet. Daß dies zutreffen muß, geht aus folgender Betrachtung hervor:

Der kritische Querschnitt, d. h. der Querschnitt, in welchem die theoretische Grenztiefe entweder berührt oder durchschnitten wird, muß so liegen, daß auch innerhalb der Einengung die Energie-Linie niemals unter ihre Min.-Höhenlage zu liegen kommt. Da nun im vorliegenden Fall die Energie-Linie innerhalb der Einengung im Gegensatz zum früheren Grenzfall ein stets schwächeres Gefälle als die Sohle einnehmen muß, so würde sie, wenn erst im Querschnitt 60 die Min.-Höhenlage erreicht wäre, im Querschnitt 40 unterhalb dieser liegen müssen, was jedoch unmöglich ist.

Verfolgt man nun vom kritischen Querschnitt 40 ab die Rechnung weiter flußabwärts, so entfernt sich die Energie-Linie wieder von der Min.-Höhenlage und damit die Wassertiefe von der theoretischen Grenztiefe. Am unteren Ende der Einengung, also in Querschnitt 70, ist die Energie-Linie ein wesentliches Stück gegenüber derjenigen für Normalabfluß gehoben, weshalb auch der Wasserspiegel unterhalb desjenigen für Normalabfluß zu liegen kommt. Diese Einsenkung des Wasserspiegels unterhalb entspricht der Hebung beim strömenden Grenzfall oberhalb der Einengung. Sie stellt die größtmögliche durch den Einfluß der Reibung hervorgerufene Senkung für das betreffende Bett dar.

Die Wassertiefe im normalen Bett von $t = 2,00$ m stellt demnach hier ebenfalls eine Grenze dar, denn die dazu gehörige Energie-Linie hat gerade eine solche Höhenlage, daß sie durch die Reibungsverminderung auf der Übergangsstrecke im Querschnitt 40 in die Min.-Höhenlage abgesenkt wird.

Der Fall III Abb. 3 endlich stellt ein Beispiel für schießenden Normalabfluß dar, bei dem die Berechnung auf die gewöhnliche Weise bereits versagen muß. Er ist gleichbedeutend mit Fall III auf Plan 2. Nur kehren sich hier alle Erscheinungen um. Während bei strömendem Normalabfluß das wirkliche Energie-Linien-Gefälle auf dem flußabwärts liegenden Übergang zu klein war, um die Energie-Linie von ihrer Höhenlage im normalen Bett bis zur Min.-Höhenlage innerhalb der Einengung zu heben, ist es hier umgekehrt. Das wirklich vorhandene Energie-Linien-Gefälle auf dem flußaufwärts liegenden Übergang ist hier zu groß, sodaß die Energie-Linie im Querschnitt 60 bereits unter die Min.-Höhenlage zu liegen kommt. Im dargestellten Falle müßte es sogar negativ sein, damit die Berechnung noch durchzuführen wäre.

Um die Berechnung dennoch nach der alten Weise zu ermöglichen, hätte man hier den Übergang möglichst glatt und wieder möglichst lang auszubilden, denn da die Sohle und die Energie-Linie divergieren, so ließe sich schließlich im Querschnitt 60 erreichen, daß die Energie-Linie bis zur Min.-Höhenlage gehoben ist. Der Fall wäre dann damit wieder auf den Grenzfall zurückgeführt.

Man kann mithin auch hier wieder von einer

„Grenzschießtiefe"

sprechen, bei welcher für die gegebenen Größen bei schießendem Normalabfluß die Berechnung gerade noch durchführbar ist

Verfolgt man nun die Berechnung vom kritischen Querschnitt 60 an weiter zunächst flußaufwärts, so ergibt sich, daß hier nur ein strömender Abfluß sich einstellen kann, d. h. daß die Wassertiefe über die theoretische Grenztiefe ansteigen muß. Die gehobene E.-Linie wird auch hier wieder das Bestreben haben, sich möglichst bald derjenigen für Normalabfluß zu nähern. Sie muß deshalb vom kritischen Querschnitt flußaufwärts ein schwächeres Gefälle als die Sohle aufweisen, da sie sonst niemals mit der ursprünglichen Energie-Linie zusammenfallen könnte. Dies bedingt aber wiederum eine Wassertiefe, welche oberhalb der theoretischen Grenztiefe liegt. Würde das Gegenteil zutreffen, d. h. würde sich der Wasserspiegel bei Querschnitt 50 unterhalb der theoretischen Grenztiefe einstellen, so müßte dieser, da bei schießendem Wasser einer höheren Lage der Energie-Linie eine tiefere Lage des Wasserspiegels entspricht, noch unter demjenigen für Normalabfluß liegen. Damit hätte aber die gehobene Energie-Linie vom Querschnitt 50 ab flußaufwärts ein stärkeres Gefälle als die Sohle bezw. als die alte Energie-Linie und die weitere Berechnung würde schließlich einen immer kleiner und kleineren Wert für die Wassertiefe ergeben und endlich auf den Wert 0 führen.

Die richtige Annahme dagegen führt schließlich wieder bis auf die theoretische Grenztiefe, von wo an jedoch die Berechnung nicht weiter durchführbar ist, da nun ein Übergang vom Schießen zum Strömen erfolgen müßte. Genau wie im vorigen Fall stellt sich auch hier ein Wechselsprung im Schnittpunkt der beiden Energie-Linien ein, dessen Berechnung bereits eingehend erläutert wurde.

Betrachtet man nun die Berechnung vom Querschnitt 50 an flußabwärts, so muß sich hier die Wassertiefe unterhalb der theoretischen Grenztiefe einstellen, wenn die Berechnung nicht auf den Wert »unendlich« für die Wassertiefe führen soll. In diesem Fall wird, da sich bei Querschnitt 90 eine Einsenkung des Wasserspiegels ergibt, die gehobene Energie-Linie steiler als die Sohle verlaufen und schließlich mit der ursprünglichen Lage derselben zusammenfallen.

Alle 3 Fälle für den schießenden Normalabfluß zusammen genommen ergeben wieder folgendes:

Im ersten und zweiten Fall war die Einsenkung des Wasserspiegels am Ende der Einengung nur hervorgerufen durch die Verkleinerung der Reibung auf der eingeengten Flußstrecke. Im dritten Fall aber ist diese Absenkung noch eine Vereinigung mit der in Fall III Plan 3 dargestellten Absenkung, die nur durch die bedingte Hebung der Energie-Linie hervorgerufen wird.

## D. Schießender Abfluß in einem Bett mit strömendem Normalabfluß bei einer Querschnittseinengung.

Die bisherigen Untersuchungen erstreckten sich auf die beiden Fälle, daß im uneingeengten Flußbett entweder der strömende oder der schießende Normalabfluß auftrat. In beiden Fällen war mithin der ursprüngliche Abfluß eine Funktion der gegebenen Flußbettkonstanten. Es kommt nun aber noch eine dritte Möglichkeit in Frage, nämlich die, daß in einem Flußbett mit strömendem Normalabfluß künstlich der schießende Abfluß erzeugt und dann eine Einengung eingebaut wird. Dies ist wie bereits gezeigt und an Abb. 7 erläutert wurde, durchaus möglich. Man braucht sich nur vorzustellen, daß im Fall III Plan 2 in dem durch die Einengung erzeugten schießenden Unterwasser vor dem Übergang zum Strömen d. h. zwischen den Schnitten 70 und 94.65 eine zweite Einengung angebracht wird.

Es fragt sich nun, ob dieser Fall dann, wenn die Wassertiefe für den schießenden Abfluß über der Grenzschießtiefe liegt,

d. h. die neue Berechnung darauf bereits anzuwenden ist, ganz gleichbedeutend mit dem Fall III auf Plan 4 wird. Der einzige Unterschied gegen letzteren ist der, daß das Gefälle der Sohle nicht dem schießenden, sondern dem strömenden Normalabfluß entspricht, und damit entsprechend schwächer ist.

Die erste Frage, über welche zunächst Klarheit vorhanden sein muß, ist die: Wo muß der Ausgangspunkt der Berechnung angenommen werden, d. h. wo stellt sich die theoretische Grenztiefe ein, damit eine weitere Berechnung durchführbar wird? Betrachtet man hierzu nochmals den Fall III auf Plan 4, macht dabei vorerst die nächstliegende Annahme, daß sich der kritische Querschnitt ebenfalls am oberen Ende der Einengung, also im Querschnitt 60 einstellen würde, so muß von hier aus der Wasserspiegel flußabwärts unter und flußaufwärts über die theoretische Grenztiefe zu liegen kommen. Man sieht aber sofort, daß dann die Berechnung undurchführbar würde. Wohl könnte man vom Querschnitt 60 an flußaufwärts rechnen, nicht aber flußabwärts. Da nämlich in diesem Fall die gehobene neue Energie-Linie ein stärkeres Gefälle als die Sohle aufweisen müßte, — das Sohlengefälle ist ja derart, daß es strömenden Normalabfluß erzeugt, — so müßte dieselbe flußabwärts Querschnitt 60 bald unter ihre Min.-Höhenlage zu liegen kommen und damit wäre die Fortsetzung der Berechnung unmöglich. Diese Annahme für den kritischen Querschnitt wäre also falsch, und da es sich nur um die beiden Ausgangs-Querschnitte für die Berechnung 60 oder 80 handeln kann, so muß die andere Annahme zum Ziele führen Nimmt man daher im Querschnitt 80 die theoretische Grenztiefe an, so bietet zunächst die Berechnung flußabwärts keinerlei Schwierigkeiten, denn sie kommt auf Fall III Plan 2 hinaus und flußaufwärts kann die gehobene Energie-Linie jetzt ein stärkeres Gefälle als die Sohle haben, sie wird sich dann nur von ihrer Min.-Höhenlage entfernen. Somit wäre auch die Berechnung für diesen Fall klargelegt.

Alle 3 Fälle zusammen genommen, für welche bei einer Querschnittseinengung die Berechnung auf die gewöhnliche Weise versagt und daher nach der neuen Art ausgeführt werden muß, ergeben folgendes Bild.

| Ursprünglicher Normalabfluß | Erscheinung oberhalb der Einengung | Erscheinung unterhalb der Einengung | Kritischer Querschnitt. Ausgangspunkt der Berechnung |
|---|---|---|---|
| Strömend | Der Wasserspiegel ist gegenüber der Normallage gehoben und hat seinen Fließzustand beibehalten. Also strömender Zufluß. | Der Wasserspiegel ist gegenüber der Normallage gesenkt und hat seinen Fließzustand gewechselt. Also schießender Abfluß. | Der kritische Querschnitt befindet sich am stromabwärts liegenden Ende der größten Einengung. Hier muß die theoretische Grenztiefe angenommen werden. |
| Schießend | Der Wasserspiegel ist gegenüber der Normallage gehoben und hat seinen Fließzustand gewechselt. Also strömender Zufluß. | Der Wasserspiegel ist gegenüber der Normallage gesenkt und hat seinen Fließzustand beibehalten. Also schießender Abfluß. | Der kritische Querschnitt befindet sich am stromaufwärts liegenden Ende der größten Einengung. Hier muß die theoretische Grenztiefe angenommen werden. |
| Strömend, jedoch schießendes Wasser künstlich erzeugt. | Der Wasserspiegel ist gegenüber der Normallage gehoben und hat seinen ursprünglichen normalen Fließzustand wieder angenommen. Also strömender Zufluß. | Der Wasserspiegel ist gegenüber der Normallage gesenkt und hat seinen ursprünglichen Fließzustand gewechselt. Also schießender Abfluß. | Der kritische Querschnitt befindet sich am stromabwärts gelegenen Ende der größten Einengung. Hier muß die theoretische Grenztiefe angenommen werden. |

## E. Übereinstimmung der Erscheinungen mit denjenigen bei der Fahrt der Schiffe auf beschränktem Wasser.

Die bei den soeben betrachteten Abflußmöglichkeiten für eine Querschnittseinengung auftretenden Erscheinungen und ganz besonders diejenigen für strömenden Normalabfluß müssen ähnlich auch bei der Fahrt der Schiffe auf beschränktem Wasser vorhanden sein, da hierbei im Prinzip gleiche Verhältnisse vorliegen. Der wesentliche Unterschied ist nur der, daß dabei das Wasser ruhig bleibt und die Querschnittseinschränkung sich fortbewegt. Es wäre eine Aufgabe für sich, die besprochenen Erscheinungen rechnerisch auf solche Fälle zu übertragen. Hier soll nur auf die Abhandlung von H. Krey[1]) hingewiesen werden. Bei näherer Betrachtung der darin abgebildeten Wellenaufnahmen für verschiedene Schiffsgeschwindigkeit läßt sich ohne allen Zweifel eine Ähnlichkeit mit den hier erläuterten Erscheinungen herausfinden.

## F. Seitliche Querschnittseinengungen und Böschungsübergänge.

Wie schon früher an dem Beispiel der Abb. 5 gezeigt wurde, läßt sich die entwickelte Berechnungsweise in gleicher Weise auch auf Flußbetteinengungen anwenden, die durch eine Breiteneinschränkung hervorgerufen sind. Wenn hier überwiegend Sohlenerhöhungen herangezogen wurden, so geschah dies hauptsächlich deshalb, weil sich dabei auch ohne Zuziehung des Grundrisses alles Erforderliche erkennen läßt. Versuche und Berechnungen sind sowohl mit seitlicher, als auch mit Sohlen-Einengung durchgeführt worden.

Aber noch eine andere Möglichkeit der Querschnittseinschränkung verdient genannt zu werden, nämlich diejenige durch eine Verringerung der Böschungsneigung bei gleichbleibender Sohlenbreite. Diese Art der Betteinengung spielte eine wichtige Rolle bei einem Gutachten für die Ausgestaltung des Sihl-Überfalles bei der Untertunnelung des Sihlflusses durch die linksufrige Zürichseebahn, mit welchem das hiesige Flußbaulaboratorium von den Schweizer Bundesbahnen betraut wurde. Die an diesen Übergängen aufgenommenen Wasserspiegel sind eben-

---

[1]) H. Krey, Fahrt der Schiffe auf beschränktem Wasser.

falls in der letzten Veröffentlichung Rehbocks (s. Anm. im Vorwort) und zwar auf Plan 6 und 7 jenes Werkes zur Darstellung gebracht. Auch hier war in den meisten Fällen der Grenzfall für eine Berechnung nach der alten Weise unterschritten, sodaß das Wasser seinen Fließzustand wechseln mußte. Es war seiner Zeit mit eine Nebenaufgabe, diesen Wechsel des Fließzustandes zu beseitigen. Da eine genaue mathematische Berechnung solcher Wasserspiegel damals noch nicht möglich war, so mußte dies auf dem Wege des Versuches geschehen, was auch mit Erfolg gelang, nachdem der Grund für diese Abflußunregelmäßigkeiten erkannt war.

Die vorliegende Arbeit wird wohl dazu beitragen, in künftigen derartigen Fällen sofort Klarheit über alle diese Erscheinungen zu schaffen, und vor allen Dingen sofort die Grenze rechnerisch festzulegen, bei welcher der Wechsel des Fließzustandes und die damit verbundene Einsenkung des Wasserspiegels verschwinden wird. Wollte man den Wasserspiegel in einem solchen Übergang auf die alte Weise berechnen, so käme man, nachdem man sich vergeblich bemüht hätte, schließlich zu dem Ergebnis, daß dies mit den gebräuchlichen Formeln nicht möglich ist. Der Verfasser hat dies seiner Zeit bei den Berechnungen für das genannte Gutachten selbst erfahren müssen. Alle diese Fälle können eben nur nach der in dieser Arbeit entwickelten Methode rechnerisch erfaßt werden. Sie gehören mithin unter die Fälle III auf den Plänen 2 bezw. 4.

## G. Querschnittserweiterung bei strömendem und schießendem Normalabfluß.

Es wurde bereits im Satz 17 festgestellt, daß auch bei Querschnittserweiterungen in gewissen Fällen die bisherige Berechnung versagen muß. Jedoch besteht zwischen einer Einengung und einer Erweiterung ein prinzipieller Unterschied für die Art der Berechnung. Während für eine Querschnittseinengung die Auffindung eines Wasserspiegels innerhalb der Einengung auch ohne Berücksichtigung der durch die Einengung veränderten Reibungsgrößen in den Fällen III auf Plan 1 und 3 nach der üblichen Berechnungsart schon nicht mehr möglich war, läßt sich bei einer Querschnittserweiterung und gleichbleibender Energie-Linien-Höhenlage wie im normalen Bett stets eine Wasserspiegellage auffinden. Es ist dies ohne weiteres ersichtlich. Wenn nämlich die Energie-Linie im normalen Bett noch über oder auf der Min.-Höhenlage liegt, dann kann sie in der Erweiterung, wo die Min.-Höhenlage stets kleiner ist, niemals unter diese zu liegen kommen. Dies gilt aber nur dann, wenn die Reibungsänderung unberücksichtigt bleibt, wenn also die E.-Linie auch innerhalb der Erweiterung parallel zur Sohle verläuft. Mithin gibt es hier keine solchen Fälle, welche den Fällen III auf Plan 1 oder 3 entsprechen würden, oder mit anderen Worten:

(22) **Bei einer Querschnittserweiterung tritt die Undurchführbarkeit der Berechnung auf die alte Weise im Gegensatz zu einer Einengung erst dann zu Tage, wenn die veränderten Reibungsverhältnisse innerhalb derselben berücksichtigt werden.**

Dies spricht schon dafür, daß derartige Beispiele viel seltener als solche bei einer Einengung auftreten können. Es war auch bereits in Satz 17 ausgesprochen, daß die Berechnung nur dann versagt, wenn die E.-Linie im normalen Bett nur sehr wenig über oder unter ihrer Min.-Höhenlage liegt.

Auf Plan 5 sind nun die beiden möglichen Fälle für strömenden und schießenden Normalabfluß für eine Erweiterung nach der neuen Art durchgerechnet.

In Abb. 1 dieses Planes ist die Berechnung zunächst für strömenden Normalabfluß erfolgt. Der Ausgangspunkt der Berechnung liegt unterhalb der Erweiterung, also bei Querschnitt 70. Von hier an flußaufwärts läßt sich die Berechnung ohne weiteres bis zum Querschnitt 31,17 durchführen, wo jedoch infolge des innerhalb der Einengung vorhandenen geringeren Reibungsgefälles die Energie-Linie bis auf ihre Min.-Höhenlage gesunken ist. Eine Weiterberechnung ist daher unmöglich, zumal der Wasserspiegel auch die theoretische Grenztiefe erreicht hat.

Die weitere Durchführung der Berechnung ist nur möglich, wenn im Querschnitt 30 die theoretische Grenztiefe angenommen wird und von hier die Wassertiefe flußabwärts unter und flußaufwärts über diese zu liegen kommt. Der Beweis läßt sich auf die nämliche Weise wie früher erbringen.

Es muß dann die neue im Querschnitt 30 gehobene Energie-Linie die von Querschnitt 70 an berechnete schneiden, in welchem Punkt dann wieder der Übergang vom Schießen zum Strömen stattfindet. Weiter flußaufwärts vom Querschnitt 30 wird der Wasserspiegel denjenigen für den Normalabfluß allmählich wieder erreichen.

Man sieht mithin, daß auch bei einer nur vorübergehenden Querschnittserweiterung schießender Abfluß auf einer kurzen Strecke sich einstellen muß, damit das Wasser die Erweiterung durchfließen kann. Allerdings kommt dies nur bei solchen Fällen in Betracht, wo die Wassertiefe für Normalabfluß wenig von der Grenztiefe entfernt liegt, wie es z. B. beim Hochwasser im Sihlbett bei Zürich der Fall ist.

**Die Änderung des Fließzustandes ist hier lediglich durch die verringerte Reibung in der Einengung bedingt.**

Alles Weitere dürfte nunmehr aus der Abb. 1 Plan 5 verständlich sein.

Der nämliche Fall wie für strömenden Normalabfluß ist in Plan 5 Abb. 2 für schießenden Normalabfluß nach den rechnerischen Ergebnissen dargestellt. Die Berechnung beginnt hier oberhalb der Erweiterung, also im Querschnitt 30. Von hier gelangt man ohne Schwierigkeiten bis zum Querschnitt 67,40, wo die Energie-Linie diesmal wegen der vergrößerten Reibung innerhalb der Erweiterung bis auf die Min.-Höhenlage gesunken ist. Eine weitere Berechnung ist nur wieder dann möglich, wenn im Querschnitt 70 von der theoretischen Grenztiefe ausgegangen wird und sich der Wasserabfluß flußaufwärts strömend, flußabwärts dagegen schießend einstellt. Im Schnittpunkt der beiden sich entgegenkommenden Energie-Linien tritt dann wieder der Übergang vom schießenden zum strömenden Wasser auf, während sich unterhalb des Querschnittes 70 der Wasserspiegel bald demjenigen für den Normalabfluß nähert.

Die Berechnung muß also in beiden Fällen sehr verschieden durchgeführt werden.

In erstem Fall (Plan 5 Abb. 1) ergibt sich bei sonst strömendem Wasserabfluß auf eine kurze Lauflänge schießendes Wasser, im zweiten Fall (Plan 5 Abb. 2) tritt dagegen bei sonst schießendem Abfluß auf eine kurze Länge ein strömender Abfluß auf.

Um einen unnötigen Zeitaufwand bei der Berechnung von Querschnittserweiterungen zu vermeiden, muß man sich also auch hier zunächst klar machen, ob sie überhaupt mit Hilfe der gebräuchlichen Formeln der Berechnung zugänglich sind oder ob sie auf die hier erläuterte Weise behandelt werden müssen.

# V.
# Die Anwendung des neuen Verfahrens und der Vergleich der Rechnungsergebnisse mit Modellaufnahmen.

## A. Für ein durch eine Sohlenerhöhung eingeengtes rechteckiges Flußbett mit strömendem Normalabfluß.

Die Berechnung hierfür ist zum Vergleich für zwei verschiedene Wassermengen durchgeführt und zwar für Q = 550 cbm/sec. und für Q = 1000 cbm/sec. Die sich hieraus ergebenden Werte sind auf

Plan 6 Abb. 1 bezw. Plan 7 Abb. 1

durch die schraffierte Linie dargestellt. Die mit Punkten versehene Linie stellt den im Modell aufgenommenen Wasserspiegel dar. Man erkennt bis auf einige kleine Unregelmäßigkeiten die äußerst genaue Übereinstimmung der beobachteten mit den berechneten Werten. Es ist dabei noch zu berücksichtigen, daß die Längenschnitte in 10-facher Verzerrung zur Darstellung gebracht wurden. Die eingemessenen Punkte sind selbstverständlich genau aufgetragen, wobei keinerlei Ausgleich oder Korrektur vorgenommen wurde. Die in die Berechnung eingeführte Rauhigkeit ist dieselbe, wie sie schon früher für dieses Bett ermittelt wurde (n = 0,0202). Sie wurde damals aus der Wassertiefe für den Normalabfluß berechnet und mithin für die Berechnung dieser Wasserspiegel bereits als bekannt vorausgesetzt.

Der Ausgangspunkt der Berechnung, also der kritische Querschnitt liegt in beiden Fällen im Querschnitt 0, da es sich um ein Flußbett mit strömendem Normalabfluß handelt. Alles weitere dürfte nach den früheren Ausführungen und aus den Längenschnitten verständlich sein.

## B. Für ein durch eine Sohlenerhöhung eingeengtes trapezförmiges Flußbett mit strömendem Normalabfluß.

Um die Gültigkeit der neuen Berechnung auch für andere Flußbettquerschnitte zu erbringen, ist für dieselbe Wassermenge von 550 cbm/sec. auch eine Berechnung für ein trapezförmiges

Flußbett mit 34 m Sohlenbreite und Böschungen unter 4 : 5 durchgeführt und die sich ergebenden Werte in

Abb. 2 Plan 6

aufgetragen. Der Rauhigkeitsgrad dieses Flußbettes ist wieder aus der beobachteten Wassertiefe für den Normalabfluß berechnet und betrug $n = 0{,}0176$. Dieses Bett, welches vor dem rechteckigen Bett in der hydraulischen Rinne des Flußbaulaboratoriums eingebaut war, hatte also eine etwas größere Glätte, was daher rührte, daß es mit Spirituslack und nicht mit Ölfarbe angestrichen war. Genaueres hierüber hat Prof. Rehbock bereits in der schon öfter erwähnten Schrift veröffentlicht.

Bei der Berechnung von Wasserspiegeln in nicht rechteckigen Flußbetten muß darauf Rücksicht genommen werden, daß die theoretische Grenztiefe beim Einbau einer Sohlenerhöhung nicht bei jeder Höhenlage der Sohle konstant ist. So ergibt sich in diesem Fall im kritischen Querschnitt O eine etwas andere Grenztiefe als im normalen Flußbett bei Profil $1_u$. Dies rührt daher, daß durch die Sohlenerhöhung auch das Flußbett eine andere mittlere Breite erhält. Die Berechnung an und für sich bietet jedoch außer ihrer noch größeren Umständlichkeit nichts Neues gegenüber derjenigen für rechteckige Querschnitte.

Vergleicht man die Abb. 1 und 2 auf Plan 6, so kann man sehr bemerkenswerte Unterschiede in dem Wasserabfluß und auch in dem Ergebnis der Berechnung erkennen, zumal in beiden Beispielen dieselbe Wassermenge zum Abfluß gelangt.

Während in beiden Fällen des rechteckigen Bettes unterhalb der Einengung ein durchaus glatter wellenloser Abfluß des schießenden Wassers stattfindet, treten beim trapezförmigen Bett an derselben Stelle ziemlich regelmäßige Wellen auf, deren Mittellage fast genau die berechnete Wasserspiegellinie darstellt.

Auch der unterhalb befindliche Übergang vom Schießen zum Strömen ist beim trapezförmigen Bett etwas anders ausgebildet als im rechteckigen Bett, und zwar ist er bei letzterem viel steiler als bei ersterem. Beide Beobachtungen stimmen aber sehr genau mit dem Rechnungsergebnis überein. Diese Erscheinungen treten in allen Fällen auf, sind also keine Zufälligkeiten. Sie haben ihren Grund in den geneigten Böschungen des trapezförmigen Bettes.

## C. Für ein durch eine Sohlenerhöhung eingeengtes rechteckiges Flußbett mit strömendem Normalabfluß, aber künstlich erzeugtem schießendem Abfluß.

Die verwickeltste Wasserspiegelberechnung, die für praktische Fälle überhaupt je durchgeführt werden wird, ist in der folgenden Tabelle enthalten. Ihr Ergebnis ist in

Plan 7 Abb. 2

aufgetragen. Um den genauen und zweckmäßigen Gang einer solchen Berechnung zu zeigen, ist hier die tabellarische Zusammenstellung beigefügt. Aus ihr sind gleichzeitig auch alle anderen einfacheren Berechnungen im Prinzip zu ersehen.

Durch eine Einengung oberhalb wurde in dem erwähnten rechteckigen Flußbett schießendes Wasser erzeugt. Dann ist das Flußbett abermals durch eine Sohlenerhöhung eingeengt worden. Praktisch kann dieser Fall sehr wohl vorkommen. Es brauchen sich nur 2 Einengungen hintereinander zu befinden derart, daß die unterhalb liegende noch in den Bereich des von der oberhalb liegenden erzeugten schießenden Unterwassers gelangt. Was die Berechnung betrifft, so handelt es sich hier um den auf Seite 70 behandelten Fall.

Der kritische Querschnitt und damit der Ausgangspunkt der Berechnung der Wasserspiegelhöhenlage muß in Querschnitt O angenommen werden. Nach oben fortgesetzt geht sie im Querschnitt $2'_0$ in diejenige für das schießende Wasser mit der Ausgangstiefe $t_u$ in Querschnitt $6_0$ über. Hier tritt also der Fall auf, daß sich 2 entgegenkommende, durch Rechnung festzulegende Energie-Linien schneiden müssen, wobei die Lage des Schnittpunktes zu bestimmen ist. Mit Hilfe der Abb. 13 wurde hierfür auf Seite 64 ein Verfahren entwickelt. Flußabwärts bietet die Berechnung keine Schwierigkeiten, sie ist genau wie in den anderen Fällen durchführbar.

Daß selbst für einen so verwickelten Fall des Wasserabflusses, bei dem der Fließzustand nicht weniger als dreimal geändert wird, die Berechnungsweise eine sehr gute Übereinstimmung mit der Wirklichkeit ergibt, spricht zu Gunsten der Genauigkeit und Brauchbarkeit des Verfahrens. Die geringen Abweichungen in der Lage des berechneten und des beobachteten Wechselsprunges erklären sich daraus, daß sich die Energie-Linien unter sehr spitzen Winkeln schneiden. Dabei müssen sehr kleine

# Berechnung des Wasserspiegels für ein rechteckiges Flußabfluß beim Vorhandensein einer Querschnittseinengung erzeugten schießendem

$$Q = 550 \text{ cbm/sec.}$$

| 1 | 2 | 3 | 4 | 5 | 6 | 7 | 8 | 9 | 10 | 11 |
|---|---|---|---|---|---|---|---|---|---|---|
| Querschnitt Nr. | Abstand l in m | Höhenlage der Sohle | Höhenlage des Wsp. | Angen. abs. Gefälle des Wsp. $h'$ in m | Wassertiefe $t$ in m | QuerschnittsFläche $F$ in m² | Mittl. QuerschnittsFläche $F_m$ in m² | Benetzter Umfang $p$ in m | Mittl. benetzter Umfang $p_m$ in m | Mittl. hydr. Radius $R_m$ in m |

**Berechnung flußabwärts vom**

| Querschnitt Nr. | l in m | der Sohle | des Wsp. | $h'$ | $t$ | $F$ | $F_m$ | $p$ | $p_m$ | $R_m$ |
|---|---|---|---|---|---|---|---|---|---|---|
| 0 | | 100.425 | 103.105 | | 2.680 [1]) | 107.20 | | 45.36 | | |
| | 5.00 | | | $+$ 1.128 | | | 93.34 | | 44.67 | 2.09 |
| 1u | | 99.990 | 101.977 | | 1.987 | 79.48 | | 43.97 | | |
| | 20.00 | | | $-$ 0.058 | | | 81.40 | | 44.07 | 1.85 |
| 2u | | 99.950 | 102.035 | | 2.085 | 83.40 | | 44.17 | | |
| | 20.00 | | | $-$ 0.071 | | | 85.62 | | 44.28 | 1.93 |
| 3u | | 99.910 | 102.106 | | 2.196 | 87.84 | | 44.39 | | |
| | 20.00 | | | $-$ 0.085 | | | 90.34 | | 44.51 | 2.03 |
| 4u | | 99.870 | 102.191 | | 2.321 | 92.84 | | 44.64 | | |
| | 20.00 | | | $-$ 0.110 | | | 95.82 | | 44.79 | 2.14 |
| 5u | | 99.830 | 102.300 | | 2.470 | 98.80 | | 44.94 | | |
| | 14.00 | | | $-$ 0.182 | | | 103.00 | | 45.15 | 2.28 |
| 6u | | 99.802 | 102.482 | | 2.680 [2]) | 107.20 | | 45.36 | | |

**Berechnung der Lage und Höhe des**

Wassertiefe für Normalabfluß $t = 3.235$ m, $k = \dfrac{u^2}{2g} = 0.921$ m.

| Querschnitt Nr. | l in m | der Sohle | des Wsp. | $h'$ | $t$ | $F$ | $F_m$ | $p$ | $p_m$ | $R_m$ |
|---|---|---|---|---|---|---|---|---|---|---|
| 3u | | 99.910 | 102.106 | | 2.196 | 87.84 | | 44.39 | | |
| | 8.30 [1]) | | | $-$ 0.032 | | | 88.82 | | 44.44 | 2.00 |
| 3'u | | 99.893 | 102.138 | | 2.245 | 89.80 | | 44.49 | | |
| | 0.00 | | | $-$**0.990** | | | — | | — | — |
| 3'u | | 99.893 | 103.128 | | 3.235 | — | | — | | — |

Von hier ab weiter flußabwärts ergibt die
Die Höhe des Wechselsprunges berechnet

**Berechnung flußaufwärts vom**

| Querschnitt Nr. | l in m | der Sohle | des Wsp. | $h'$ | $t$ | $F$ | $F_m$ | $p$ | $p_m$ | $R_m$ |
|---|---|---|---|---|---|---|---|---|---|---|
| 0 | | 100.425 | 103.105 | | 2.680 [1]) | 107.20 | | 45.36 | | |
| | 10.00 | | | $+$ 0.172 | | | 110.24 | | 45.51 | 2.42 |
| 1o | | 100.445 | 103.277 | | 2.832 | 113.28 | | 45.66 | | |
| | 5.00 | | | $+$ 0.536 | | | 132.30 | | 46.62 | 2.84 |
| 2o | | 100.030 | 103.813 | | 3.783 | 151.32 | | 47.57 | | |
| | 60.00 | | | $+$ 0.055 | | | 150.02 | | 47.50 | 3.16 |
| 5o | | 100.150 | 103.868 | | 3.718 | 148.72 | | 47.44 | | |
| | 60.00 | | | $+$ 0.056 | | | 147.48 | | 47.38 | 3.11 |
| 7o | | 100.270 | 103.924 | | 3.656 | 146.24 | | 47.31 | | |

bett von 40 m Sohlenbreite mit strömendem Normal-
in dem von einer zweiten Querschnittseinengung oberhalb
Wasserabfluß.

$J_s = 0,002$, $n = 0,0202$.

| 12 | 13 | 14 | 15 | 16 | 17 | 18 | 19 | 20 |
|---|---|---|---|---|---|---|---|---|
| Rauhig-keits Beiwert n (Gang u. K.) | Ge-schw. Bei-wert c (Gang u. K.) | Rela-tives Gefälle der Energ.-Linie $J_e$ | Absol. Gefälle der Energ. Linie $h_r$ in m | Ge-schw. Höhe $k=\dfrac{u^2}{2g}$ in m | Ge-schw. Gefälle $h_g$ in m | Berechn. abs. Wsp. Gefälle $h = h_r + h_g$ in m | Höhe d. E.-Linie über Sohle H in m | Bemerkungen |

**kritischen Querschnitt 0.**

| 12 | 13 | 14 | 15 | 16 | 17 | 18 | 19 | 20 |
|---|---|---|---|---|---|---|---|---|
| | | | | 1.340 | | | 4.020 | [1]) Theoretische Grenztiefe. Aus-gangspunkt der Berechnung fluß-abwärts. |
| 0.0202 | 54.88 | 0.0056 | 0.028 | | + 1.100 | + 1.128 | | |
| | | | | 2.440 | | | 4.427 | |
| 0.0202 | 54.02 | 0.0084 | 0.169 | | — 0.227 | — 0.058 | | |
| | | | | 2.213 | | | 4.298 | |
| 0.0202 | 54.35 | 0.0072 | 0.145 | | — 0.216 | — 0.071 | | |
| | | | | 1.997 | | | 4.193 | [2]) Die theoretische Grenztiefe ist wie-der erreicht. Wei-tere Berechnung unmöglich. |
| 0.0202 | 54.70 | 0.0061 | 0.122 | | — 0.207 | — 0.085 | | |
| | | | | 1.790 | | | 4.111 | |
| 0.0202 | 55.07 | 0.0051 | 0.104 | | — 0.211 | — 0.110 | | |
| | | | | 1.579 | | | 4.049 | |
| 0.0202 | 55.50 | 0.0040 | 0.057 | | — 0.239 | — 0.182 | | |
| | | | | 1.340 | | | 4.020 | |

**Wechselsprunges unterhalb der Einengung.**

Mithin H = 4.156 m (Vorhanden zwischen Querschnitt $3_u$ und $4_u$)

| 12 | 13 | 14 | 15 | 16 | 17 | 18 | 19 | 20 |
|---|---|---|---|---|---|---|---|---|
| | | | | 1.997 | | | 4.193 | [1]) Berechnet nach Gleichung (19) |
| 0.0202 | 54.58 | 0.0065 | +0.054 | | — 0.086 | — 0.032 | | $x = \dfrac{t_o - t_u - h_g}{J_e - J_s}$ |
| | | | | 1.911 | | | 4.156 | |
| — | — | — | — | | — 0.990 | — 0.990 | | $x = \dfrac{2.196 - 2.245 + 0.086}{0.0065 - 0.002}$ |
| | | | | 0.921 | | | 4.156 | $= 8.30$ m |

Berechnung den gleichförmigen Normalabfluß.
sich somit zu h = **0.990 m.**

**kritischen Querschnitt 0.**

| 12 | 13 | 14 | 15 | 16 | 17 | 18 | 19 | 20 |
|---|---|---|---|---|---|---|---|---|
| | | | | 1.340 | | | 4.020 | [1]) Theoretische Grenztiefe. Aus-gangspunkt der Berechnung fluß-aufwärts. |
| 0.0202 | 55.90 | 0.0033 | 0.033 | | + 0.139 | + 0.172 | | |
| | | | | 1.201 | | | 4.033 | |
| 0.0202 | 57.00 | 0.0018 | 0.009 | | + 0.527 | + 0.536 | | |
| | | | | 0.674 | | | 4.457 | |
| 0.0202 | 57.80 | 0.0013 | 0.076 | | — 0.021 | + 0.055 | | |
| | | | | 0.695 | | | 4.413 | |
| 0.0202 | 57.60 | 0.0014 | 0.081 | | — 0.025 | + 0.056 | | |
| | | | | 0.720 | | | 4.376 | |

| 1 | 2 | 3 | 4 | 5 | 6 | 7 | 8 | 9 | 10 | 11 |
|---|---|---|---|---|---|---|---|---|---|---|
| Quer-schnitt Nr. | Ab-stand | Höhenlage | | Angen. abs. Gefälle des Wsp. | Wasser-tiefe | Quer-schnitts-Fläche | Mittl. Quer-schnitts-Fläche | Be-netzter Umfang | Mittl. be-netzter Umfang | Mittl. hydr. Radius |
|  | $l$ | der Sohle | des Wsp. | $h'$ | $t$ | $F$ | $F_m$ | $p$ | $p_m$ | $R_m$ |
|  | in m |  |  | in m | in m | in m² | in m² | in m | in m | in m |

**Berechnung flußabwärts ausgehend von der im Modell gemessenen**
oberhalb

| 1 | 2 | 3 | 4 | 5 | 6 | 7 | 8 | 9 | 10 | 11 |
|---|---|---|---|---|---|---|---|---|---|---|
| $6_o$ |  | 100.190 | 101.890 |  | 1.700[1]) | 68.00 |  | 43.40 |  |  |
|  | 20.00 |  |  | — 0.049 |  |  | 69.78 |  | 43.49 | 1.60 |
| $5_o$ |  | 100.150 | 101.939 |  | 1.789 | 71.56 |  | 43.58 |  |  |
|  | 20.00 |  |  | — 0.052 |  |  | 73.40 |  | 43.67 | 1.68 |
| $4_o$ |  | 100.110 | 101.991 |  | 1.881 | 75.24 |  | 43.76 |  |  |
|  | 20.00 |  |  | — 0.055 |  |  | 77.14 |  | 43.86 | 1.76 |
| $3_o$ |  | 100.070 | 102.046 |  | 1.976 | 79.04 |  | 43.95 |  |  |
|  | 20.00 |  |  | — 0.059 |  |  | 81.02 |  | 44.05 | 1.84 |
| $2_o$ |  | 100.030 | 102.105 |  | 2.075 | 83.00 |  | 44.15 |  |  |
|  | 20.00 |  |  | — 0.067 |  |  | 85.14 |  | 44.26 | 1.92 |
| $1_u$ |  | 99.990 | 102.172 |  | 2.182 | 87.28 |  | 44.36 |  |  |
|  | 20.00 |  |  | — 0.081 |  |  | 89.70 |  | 44.49 | 2.02 |
| $2_u$ |  | 99.950 | 102.253 |  | 2.303 | 92.12 |  | 44.61 |  |  |
|  | 20.00 |  |  | — 0.106 |  |  | 95.04 |  | 44.76 | 2.12 |
| $3_u$ |  | 99.910 | 102.359 |  | 2.449 | 97.96 |  | 44.90 |  |  |
|  | 16.20 |  |  | — 0.200 |  |  | 102.60 |  | 45.13 | 2.27 |
| $4'_u$ |  | 99.879 | 102.559 |  | 2.680[2]) | 107.20 |  | 45.36 |  |  |

**Berechnung der Lage und Höhe des**
Der Schnittpunkt der beiden Energie-Linien liegt nach der
Es soll daher zur genauen Berechnung auch der Quer-

| 1 | 2 | 3 | 4 | 5 | 6 | 7 | 8 | 9 | 10 | 11 |
|---|---|---|---|---|---|---|---|---|---|---|
| $2_o$ |  | 100.030 | 103.813 |  | 3.783 | 151.32 |  | 47.57 |  |  |
|  | 20.00 |  |  | + 0.018 |  |  | 150.88 |  | 47.55 | 3.17 |
| $3_o$ |  | 100.070 | 103.831 |  | 3.761 | 150.44 |  | 47.52 |  |  |

Nunmehr betragen die Höhenlagen der Energie-Linien in Quer-schnitt $3_o$: $H_o = 4.442$ m, $H_u = 4.444$ m in Querschnitt $2_o$ $H'_o = 4.457$ m, $H'_u = 4.313$ m. Hierin gilt $H_o$ und $H'_o$ für die Energie-Linie des strömenden Wassers und $H_u$ und $H'_u$ für die Energie-Linie des schießenden Wassers.

Für die Entfernung des Schnittpunktes der beiden Energie-Linien von Querschnitt $3_o$ erhält man nach Gleichung (20): $x = \dfrac{l\,(H_o - H_u)}{(H_o - H_u) - (H'_o - H'_u)}$

oder die Werte eingesetzt: $x = \dfrac{20\,(4.442 - 4.444)}{(4.442 - 4.444) - (4.457 - 4.313)} = \mathbf{0.27\ m.}$

Mithin liegt der Schnittpunkt 0.27 m von Querschnitt $3_o$ flußabwärts entfernt. Die dort vorhandene Höhenlage der Energie-Linie über der Sohle

| 12 | 13 | 14 | 15 | 16 | 17 | 18 | 19 | 20 |
|---|---|---|---|---|---|---|---|---|
| Rauhig-keits Beiwert $n$ (Gang u. K.) | Ge-schw. Bei-wert $c$ (Gang u. K.) | Rela-tives Gefälle der Energ.-Linie $J_e$ | Absol. Gefälle der Energ.-Linie $h_r$ in m | Ge-schw. Höhe $k = \dfrac{u^2}{2g}$ in m | Ge-schw. Gefälle $h_g$ in m | Berechn. abs. Wsp. Gefälle $h = h_r + h_g$ in m | Höhe d. E.-Linie über Sohle $H$ in m | Bemerkungen |

## Wassertiefe für schießenden Abfluß, welcher durch die Einengung erzeugt ist.

| 12 | 13 | 14 | 15 | 16 | 17 | 18 | 19 |
|---|---|---|---|---|---|---|---|
|  |  |  |  | 3.335 |  |  | 5.035 |
| 0.0202 | 53.05 | 0.0138 | 0.276 |  | − 0.325 | − 0.049 |  |
|  |  |  |  | 3.010 |  |  | 4.799 |
| 0.0202 | 53.35 | 0.0117 | 0.235 |  | − 0.287 | − 0.052 |  |
|  |  |  |  | 2.723 |  |  | 4.604 |
| 0.0202 | 53.65 | 0.0101 | 0.200 |  | − 0.255 | − 0.055 |  |
|  |  |  |  | 2.468 |  |  | 4.444 |
| 0.0202 | 54.00 | 0.0085 | 0.171 |  | − 0.230 | − 0.059 |  |
|  |  |  |  | 2.238 |  |  | 4.313 |
| 0.0202 | 54.30 | 0.0074 | 0.148 |  | − 0.215 | − 0.067 |  |
|  |  |  |  | 2.023 |  |  | 4.205 |
| 0.0202 | 54.75 | 0.0063 | 0.125 |  | − 0.206 | − 0.081 |  |
|  |  |  |  | 1.817 |  |  | 4.120 |
| 0.0202 | 55.00 | 0.0052 | 0.104 |  | − 0.210 | − 0.106 |  |
|  |  |  |  | 1.607 |  |  | 4.056 |
| 0.0202 | 55.50 | 0.0040 | 0.066 |  | − 0.266 | − 0.200 |  |
|  |  |  |  | 1.340 |  |  | 4.020 |

Bemerkungen:

[1] Im Modell gemessene Tiefe für schießendes Wasser, welche durch die Einengung oberhalb erzeugt ist und auf dem gleichen Wege berechnet werden könnte.

[2] Die theoretische Grenztiefe ist wieder erreicht. Weitere Berechnung unmöglich.

## Wechselsprunges oberhalb der Einengung.

graphischen Darstellung innerhalb der Querschnitte $2_0$ und $3_0$. schnitt $3_0$ für den strömenden Abfluß eingeschaltet werden.

| 12 | 13 | 14 | 15 | 16 | 17 | 18 | 19 |
|---|---|---|---|---|---|---|---|
|  |  |  |  | 0.674 |  |  | 4.457 |
| 0.0202 | 57.80 | 0.0013 | 0.025 |  | − 0.007 | + 0.018 |  |
|  |  |  |  | 0.681 |  |  | 4.442 |

erhält man aus der Gleichung (21): $H_x = \dfrac{(H_u - H'_u)\,(l - x)}{l} + H'_u$

eingesetzt ergibt sich: $H_x = \dfrac{(4.444 - 4.313)\,(20 - 0.27)}{20} + 4.313 = \mathbf{4.442\ m.}$

(Wegen der Abrundung auf mm erhält man den gleichen Wert wie für $H_0$ in Querschnitt $3_0$.

Die zu dieser Energie-Linien-Höhenlage gehörigen Wassertiefen betragen nach Gleichung (4): $t_0 = \mathbf{3.762\ m}$ u. $t_u = \mathbf{1.978\ m.}$

Die Höhe des Wechselsprunges ist die Differenz dieser beiden Wassertiefen und beträgt mithin: $h = 3.762\ m - 1.978\ m = \mathbf{1.784\ m.}$

Ungenauigkeiten in der Wahl der Rauhigkeit der Bettwandungen die berechnete Lage des Wechselsprunges verändern, weil dadurch die Höhenlage der Energie-Linien beeinflußt wird.

# VI.
## Betrachtungen über den Einfluß der Wassermenge und der Rauhigkeit des Flußbettes auf die Berechnungsergebnisse.

Betrachtet man die beiden Berechnungen für $Q = 550$ cbm/sek. auf Plan 6 und diejenige für $Q = 1000$ cbm/sek. auf Plan 7, so müßte dieser Änderung der Wassermenge eine Maßstabsveränderung von $1 : k = Q_{550}^{2/3} : Q_{1000}^{2/3} = 1 : 1.49$ entsprechen, da sich bekanntlich die Wassertiefen bei gleichbleibender Breite des Flußbettes im Verhältnis $Q^{2/3}$ ändern. Es müßten sich mithin alle Längen-, Breiten- und Höhenmaße auch im Verhältnis $1 : 1.49$ verhalten. Dies könnte jedoch nur zutreffen, wenn auch die Sohlenerhöhung im Falle $Q = 1000$ cbm/sek. an Stelle von 0,425 m ebenfalls zu $0,425 . 1,49 = 0,633$ m gewählt worden wäre. Aus diesem Grunde ist das Verhältnis der Entfernung der Wechselsprünge von der Einengung ein geringeres, nämlich nur $72.50 : 53,30 = 1 : 1,36$.

Aber selbst bei einer genauen maßstäblichen Vergrößerung könnte noch keine vollständige Übereinstimmung bei diesen Maßen erwartet werden, da, wie sich gleich zeigen wird, die Lage des Wechselsprunges sehr stark von der Rauhigkeit des Flußbettes beeinflußt wird. Diese müßte aber bei einer Vergrößerung des Maßstabes ebenfalls vergrößert werden, also im Falle $Q = 1000$ cbm/sek. eine stärkere sein, was auch sofort daraus ersichtlich ist, daß sich die Wassertiefen für den Normalabfluß nicht wie $1 : 1,49$ sondern nur wie $3,235 : 4,606 = 1 : 1,424$ verhalten. Das Flußbett ist mithin für den größeren Maßstab zu glatt.

Aus diesem Grunde ist es zweckmäßig, zunächst einmal lediglich den Einfluß der Rauhigkeit bei sonst gleichbleibenden Größen also auch gleichbleibender Wassermenge auf die Lage und Höhe des Wechselsprunges zu betrachten. Eine wichtige Tatsache bei dieser Berechnungsweise ist zunächst folgende:

**Die theoretische Grenztiefe im kritischen Querschnitt ist eine von der Rauhigkeit des Flußbettes unabhängige Größe. Die Berechnung geht somit auch bei**

**verschiedener Rauhigkeit des Flußbettes von derselben Wassertiefe aus.**

Die Höhe des Wechselsprunges ist bestimmt durch die Höhenlage der Energie-Linie für den Normalabfluß und diese wiederum durch die Wassertiefe für Normalabfluß. Bei vergrößerter Rauhigkeit wächst diese Wassertiefe, bei verringerter nimmt sie dagegen ab. Aus Abb. 4 ist ersichtlich, daß sich die Höhe des Wechselsprunges, welcher durch die Differenz der zu einer gegebenen Höhenlage der Energie-Linie gehörigen beiden Wassertiefen dargestellt wird (Linie 6), bei den meist vorkommenden Wassertiefen ungefähr im selben Verhältnis ändert wie die Wassertiefe selbst.

Es soll hiermit nur gezeigt werden, daß die Höhe des Wechselsprunges ungefähr die gleiche Empfindlichkeit gegenüber einer Rauhigkeitsänderung des Flußbettes aufweist als wie die Wassertiefe für den Normalabfluß.

Ganz anders verhält es sich hingegen mit der Lage des Wechselsprunges. Denkt man sich z. B. in Abb. 1 Plan 6 die Rauhigkeit des Flußbettes vergrößert, so wird dadurch zunächst die Energie-Linie für Normalabfluß eine entsprechend höhere Lage einnehmen. Außerdem wird das Gefälle der im kritischen Querschnitt 0 von der Min.-Höhenlage ausgehenden Energie-Linie auch steiler verlaufen, sodaß beide Änderungen den Schnittpunkt der beiden Energie-Linien flußaufwärts verlegen müssen. Umgekehrt wäre es, wenn man die Rauhigkeit verkleinern würde, dann müßte sich der Schnittpunkt und damit der Wechselsprung flußabwärts verlegen.

Wird lediglich die Rauhigkeit unterhalb des Wechselsprunges vergrößert, so würde sich damit die Energie-Linie für den Normalabfluß heben, der Schnittpunkt und damit der Wechselsprung also flußaufwärts wandern. Wird dagegen nur eine Vergrößerung der Rauhigkeit oberhalb des Wechselsprunges vorgenommen, so würde die Energie-Linie für den schießenden Wasserabfluß steiler verlaufen müssen und damit ebenfalls der Schnittpunkt und der Wechselsprung flußaufwärts wandern. Es bringt also eine entgegengesetzte Änderung die gleiche Wirkung hervor.

Trotz dieser großen Empfindlichkeit der Lage des Wechselsprunges gegenüber der Rauhigkeit des Flußbettes liegt diese noch weit im Bereich der Genauigkeit der Messung, was folgendes Beispiel erläutern wird:

Die Rauhigkeit des Flußbettes im Beispiel Abb. 1 Plan 6 war aus der Wassertiefe für gleichförmigen Abfluß $t = 3,235$ m zu $n = 0,0202$ ermittelt. Die Lage des Wechselsprunges hatte sich damit bei Querschnitt 53,30 ergeben, also 53,30 m unterhalb des kritischen Querschnittes. Die nach Formel (12) berechnete theoretische Grenzströmungstiefe ergibt für diesen Fall $t = 3.760$ m, das heißt bei dieser Tiefe im normalen Bett würde überhaupt kein schießendes Wasser und damit kein Wechselsprung auftreten, da der Fall noch gerade den Grenzfall darstellt. Bei gleichbleibendem Gefälle von $J_s = 0,002$ ergäbe dies dann eine Rauhigkeit von $n = 0,0262$.

Da die Bettrauhigkeit aber stets aus der Wassertiefe für gleichförmigen Abfluß ermittelt ist, so entspräche mithin einer Tiefen-Differenz von 3,760 m — 3,235 m = 0,525 m eine Verschiebung des Wechselsprunges von 53,30 m flußaufwärts. Mithin ist die Empfindlichkeit für die Lage des Wechselsprunges gegen die Rauhigkeit in dem betrachteten Flußbett

$$\frac{53,30}{0,525} = 101.5 = \text{rd. } 100\text{-mal so groß}$$

als wie diejenige für die Wassertiefe. Nimmt man nun an, daß die Messungen im Modell 1 : 100 bis auf $^2/_{10}$ mm absolut genau durchgeführt werden können, so muß sich die Lage des Wechselsprunges bis auf $100 \cdot {}^2/_{10} = 20$ mm genau berechnen lassen, bei einer Annahme des Modellmaßstabes von 1 : 100. Auf die Wirklichkeit übertragen gibt dies eine Genauigkeit der Wassertiefenmessung von 2 cm und für die daraus berechnete Lage des Wechselsprunges eine solche von 2 m.

Man sieht also, daß in den Beispielen die erreichte Genauigkeit in der Lage des Wechselsprunges mit den berechneten Werten noch nicht die Grenze des überhaupt meßbaren erreicht hat, denn die Abweichungen sind durchweg größer als 2 m.

Es ergibt sich also der Satz:

(23)  **In ein und demselben Flußbett, jedoch bei veränderlicher Rauhigkeit wird die Höhe eines Wechselsprunges infolge der geringen Änderung in der absoluten Höhenlage der Energie-Linie sich nur wenig ändern, dagegen wird die Lage des Wechselsprunges infolge der verschiedenen relativen Lage der beiden Energie-Linien sehr stark beeinflußt werden.**

# VII.

# Die Berechnung der Länge von Übergängen und Vergleich der Ergebnisse mit Beobachtungen.

Bei der Ausführung von Querschnittseinengungen und Erweiterungen wird man im allgemeinen bestrebt sein einen gleichmäßigen ruhigen Abfluß auch innerhalb dieser zu erreichen. Wie dies zu geschehen hat, ist das Endergebnis dieser Arbeit. **Man muß die Übergänge und Unstetigkeiten so ausführen, daß das Wasser seinen Fließzustand nicht zu ändern braucht, daß also auch die frühere Berechnungsweise noch zur Anwendung kommen kann.** Man wird sich also über jeden derartigen Fall erst die Abflußverhältnisse mit Hilfe der Energie-Linie klar machen müssen und mit Hilfe der Formel (12) untersuchen, ob das Wasser noch ohne weiteres die Unstetigkeit durchfließen kann, oder ob es sich bereits um einen der hier beschriebenen Fälle handelt. Natürlich könnte es auch vorkommen, daß eine Absenkung unterhalb der Unstetigkeit also schießender Abfluß erwünscht oder wenigstens belanglos ist, dann aber muß zur Berechnung das hier entwickelte Verfahren zur Anwendung kommen.

In der folgenden Tabelle sind einige Berechnungen der Grenzfälle für Übergänge bei Querschnittseinengungen mit Hilfe der Formel (12) durchgeführt und die Ergebnisse mit den Beobachtungen verglichen, wobei sich eine außerordentlich gute Übereinstimmung ergibt. Außerdem sind für einige Einengungsverhältnisse bei verschiedener Rauhigkeit des Flußbettes diejenigen Min.-Längen der Übergänge ermittelt, bei denen das Wasser seinen **Fließzustand noch nicht zu ändern braucht,** also die **Berechnung wie bisher** noch gerade durchführbar ist.

Ich schließe die Arbeit mit dem Wunsche, daß die darin ausgeführten Berechnungen und Betrachtuugen auch für den praktischen Wasserbau bei der Berechnung von Wasserspiegellinien von Nutzen sein werden.

# Berechnung der theoret. Grenzströmungstiefe $t'_{Gr.}$ d. h. Wasser beim Durchfluß der Einengungen seinen Fließzustand auf die gewöhnliche Weise

### Breite des normalen Flußbettes $B_1 = 40$ m, $Q = 400$ cbm/sek.

| 1 | 2 | 3 | 4 | 5 | 6 | 7 | 8 | 9 |
|---|---|---|---|---|---|---|---|---|
| Lfd. Nr. | Sohlenbreite in der Einengung $B_2$ in m | Einengungsverhältnis $\dfrac{B_2}{B_1}$ | Theoretische Grenztiefe in der Einengung $t_{Gr.}$ in m | Min.-Höhenlage der E.-Linie in der Einengung $H_{min.}$ in m | Mittl. Breite auf dem Übergang $B_m$ in m | Mittl. Tiefe auf dem Übergang $t_m$ in m | Mittl. Fläche auf dem Übergang $F_m$ in m² | Mittl. ben. Umfang auf dem Übergang $p_m$ in m |
| 1 | 40.00 | 1.00 | 2.169 | 3.254 | 40.00 | 2.169 | 86.76 | 44.34 |
| 2 | 38.00 | 0.95 | 2.243 | 3.364 | 39.00 | 2.434 | 95.00 | 43.87 |
| 3 | 36.00 | 0.90 | 2.325 | 3.488 | 38.00 | 2.598 | 98.80 | 43.20 |
| 4 | 34.00 | 0.85 | 2.417 | 3.626 | 37.00 | 2.756 | 101.90 | 42.51 |
| 5 | 32.00 | 0.80 | 2.518 | 3.777 | 36.00 | 2.916 | 105.00 | 41.83 |
| 6 | 30.00 | 0.75 | 2.629 | 3.944 | 35.00 | 3.083 | 107.90 | 41.17 |
| 7 | 28.00 | 0.70 | 2.750 | 4.125 | 34.00 | 3.258 | 110.70 | 40.52 |

# Notwendige Länge von Übergängen für verschiedene Einengungs-

### Berechnung mithin noch auf die ge-
### Breite des normalen Bettes $B_1 = 40,00$, $Q = 400$ cbm/sek.,

| 1 | 2 | 3 | 4 | 5 | 6 | 7 | 8 | 9 |
|---|---|---|---|---|---|---|---|---|
| Lfd. Nr. | Sohlenbreite in der Einengung $B_2$ in m | Einengungsverhältnis $\dfrac{B_2}{B_1}$ | Theoretische Grenztiefe in der Einengung $t_{Gr.}$ in m | Min.-Höhenlage der E.-Linie in der Einengung $H_{min.}$ in m | Wassertiefe im normalen Bett, also am Ende der Einengung $t_1$ in m | Höhenlage der E.-Linie im normalen Bett $H_1$ in m | Mittl. Tiefe auf dem Übergang $t_m$ in m | Mittl. Breite auf dem Übergang $B_m$ in m |
| 1 | 40.00 | 1.00 | 2.169 | 3.254 | — | — | — | — |
| 2 | 38.00 | 0.95 | 2.243 | 3.364 | 2.610 | 3.357 | 2.427 | 39.00 |
| 3 | 36.00 | 0.90 | 2.325 | 3.488 | 2.610 | 3.357 | 2.468 | 38.00 |
| 4 | 34.00 | 0.85 | 2.417 | 3.626 | 2.610 | 3.357 | 2.514 | 37.00 |
| 5 | 32.00 | 0.80 | 2.518 | 3.777 | 2.610 | 3.357 | 2.564 | 36.00 |
| 6 | 30.00 | 0.75 | 2.629 | 3.944 | 2.610 | 3.357 | 2.620 | 35.00 |
| 7 | 28.00 | 0.70 | 2.750 | 4.125 | 2.610 | 3.357 | 2.680 | 34.00 |

### Wie oben jedoch für einen Rauhigkeitsbeiwert von n = 0.025

| 1 | 40.00 | 1.00 | 2.169 | 3.254 | 2.980 | 3.554 | 2.575 | — |
| 2 | 38.00 | 0.95 | 2.243 | 3.364 | 2.980 | 3.554 | 2.612 | 39.00 |
| 3 | 36.00 | 0.90 | 2.325 | 3.488 | 2.980 | 3.554 | 2.653 | 38.00 |
| 4 | 34.00 | 0.85 | 2.417 | 3.626 | 2.980 | 3.554 | 2.699 | 37.00 |
| 5 | 32.00 | 0.80 | 2.518 | 3.777 | 2.980 | 3.554 | 2.749 | 36.00 |
| 6 | 30.00 | 0.75 | 2.629 | 3.944 | 2.980 | 3.554 | 2.805 | 35.00 |
| 7 | 28.00 | 0.70 | 2.750 | 4.125 | 2.980 | 3.554 | 2.865 | 34.00 |

derjenigen Wassertiefe im normalen Flußbett, bei welcher das noch nicht ändern muß, und infolgedessen die Berechnung noch durchführbar ist.

$q = 10$ cbm/sek. $J_s = 0.002$, Länge der Übergänge $l = 34$ m.

| 10 | 11 | 12 | 13 | 14 | 15 | 16 |
|---|---|---|---|---|---|---|
| Mittl. hydr. Radius $R_m$ in m | Geschw. Beiwert $c$ (Gang u. K.) | Absolutes Rauhigkeitsgefälle auf d. Übergang $h_r$ in m | Ber. Höhenl. der E.-Linie am Auslauf $H_u = H_{min.}$ $-h_r + l \cdot J_s$ in m | Ber. Grenzströmungstiefe $t'_{Gr.}$ in m | Beob.Grenzströmungstiefe $t'_{Gr.}$ in m | Bemerkungen |
| 1.96 | 54.55 | 0.124 | 3.198 | — | | |
| 2.17 | 55.30 | 0.091 | 3.341 | 2.571 | **2.57** | |
| 2.29 | 55.60 | 0.079 | 3.477 | 2.850 | | |
| 2.40 | 55.90 | 0.070 | 3.624 | 3.090 | **3.11** | Die Berechnung erfolgt nach Formel (12) a. S. 34. |
| 2.51 | 56.20 | 0.062 | 3.783 | 3.321 | | |
| 2.62 | 56.50 | 0.056 | 3.956 | 3.553 | | |
| 2.73 | 56.80 | 0.050 | 4.143 | 3.785 | **3.80** | |

**verhältnisse,** wenn das Wasser seinen Fließzustand nicht ändern soll, die wöhnliche Weise durchführbar bleibt.

$q = 10$ cbm/sek., $J_s = 0,002$, $n = 0,020$, $t_1 = 2,610$ m, $H_1 = 3,357$ m.

| 10 | 11 | 12 | 13 | 14 | 15 | 16 |
|---|---|---|---|---|---|---|
| Mittl. Fläche auf dem Übergang $F_m$ in m² | Mittl. ben. Umfang $p_m$ in m | Mittl. hydr. Radius $R_m$ in m | Geschw. Beiwert $c$ (Gang u. K.) | Gefälle der E.-Linie auf dem Übergang $J_e$ | Ber. Länge des Überganges $l$ in m | Bemerkungen |
| — | — | — | — | — | — | Die Berechung d. Übergänge erfolgt nach der Gleichung: |
| 94.70 | 44.85 | 2.11 | 55.50 | 0.00257 | 12.28 | $$l = \frac{H_1 - H_2}{J_s - J_e}$$ |
| 93.80 | 42.94 | 2.18 | 55.70 | 0.00268 | 192.60 | |
| 93.00 | 42.03 | 2.21 | 55.85 | 0.00269 | 390.00 | Es muß stets $J_e > J_s$ sein, wenn sich durch Verlängerung des Überganges ein Durchfluß des Wassers ohne Hebung der Energie-Linie erreichen lassen soll. |
| 92.30 | 41.13 | 2.24 | 56.00 | 0.00267 | 627.00 | |
| 91.70 | 40.24 | 2.28 | 56.10 | 0.00266 | 890.00 | |
| 91.15 | 39.38 | 2.32 | 56.20 | 0.00264 | 1200.00 | |

und damit $t_1 = 2.980$ m und $H_1 = 3.554$ m.

| — | — | — | — | — | — | Das Wasser kann bei jeder Länge des Überganges noch hindurchfließen ohne seinen Fließzustand ändern z. müssen. |
|---|---|---|---|---|---|---|
| 101.90 | 44.22 | 2.31 | 45.80 | 0.00319 | 0.00 | |
| 100.80 | 43.31 | 2.33 | 45.85 | 0.00322 | 0.00 | |
| 99.90 | 42.40 | 2.35 | 45.90 | 0.00323 | 58.50 | |
| 98.95 | 41.50 | 2 38 | 45.97 | 0.00325 | 178.40 | |
| 98.20 | 40.61 | 2.42 | 46.05 | 0.00324 | 314.50 | |
| 97.40 | 39.73 | 2.45 | 46.15 | 0.00323 | 464.00 | |

Berechnete Beispiele für die Abflußmöglichkeiten bei strömendem Normalabfluß von $Q = 550$ cbm/Sek innerhalb einer Flußbetteinengung für ein rechteckiges Bett von 40 m Sohlenbreite und einem Rauhigkeitsbeiwert von $n = 0{,}0202$.

Die Änderung der Reibung durch die Einengung ist unberücksichtigt.

Längen 1:625. Höhen 1:125 (5 fach verzerrt).

**Abb. 1. Fall I.** Die Berechnung ist auf die bisherige Art ohne weiteres durchführbar. Der Fließzustand des Wassers bleibt unverändert.

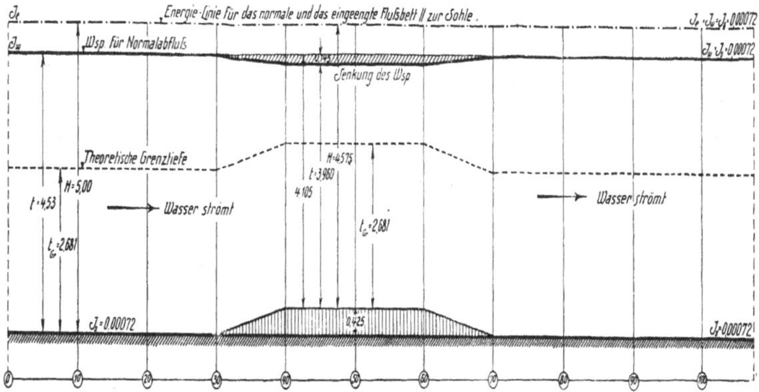


**Abb. 2. Fall II. Grenzfall.** Die Berechnung ist auf die bisherige Art gerade noch durchführbar. Der Fließzustand des Wassers bleibt noch unverändert. Der Wasserspiegel berührt die theoretische Grenztiefe im kritischen Querschnitt von oben.

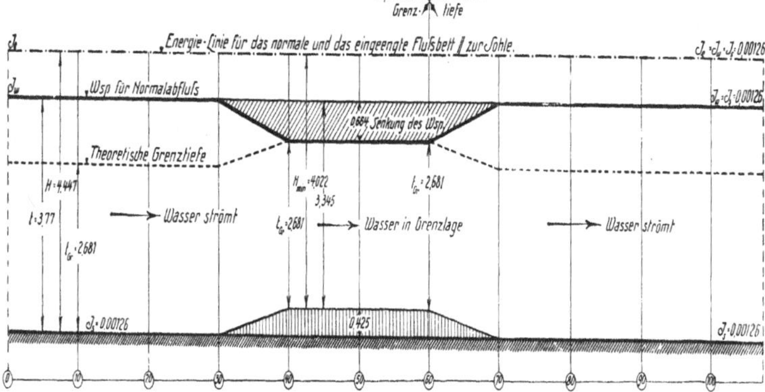


**Abb. 3. Fall III.** Die Berechnung ist auf die bisherige Art nicht mehr durchführbar. Der Wasserspiegel durchschneidet die theoretische Grenztiefe. Das Wasser muß seinen Fließzustand ändern.

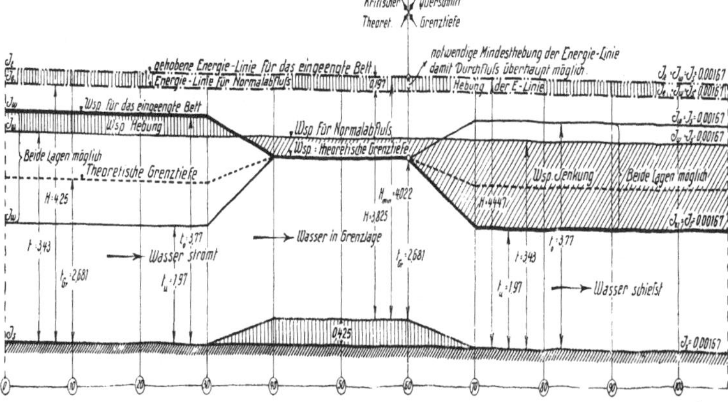

Berechnete Beispiele für die Abflußmöglichkeiten bei strömendem Normalabfluß von 550 cbm/sec innerhalb einer Flußbetteinengung für ein rechteckiges Bett von 40 m Sohlenbreite und einem Rauhigkeitsbeiwert von $n = 0,0202$.

Die Änderung der Reibung durch die Einengung ist berücksichtigt.

Längen 1:625, Höhen 1:125 (5 fach verzerrt).

Abb.1. **Fall I.** Die Berechnung ist auf die bisherige Art ohne weiteres durchführbar. Der Fließzustand des Wassers bleibt unverändert.

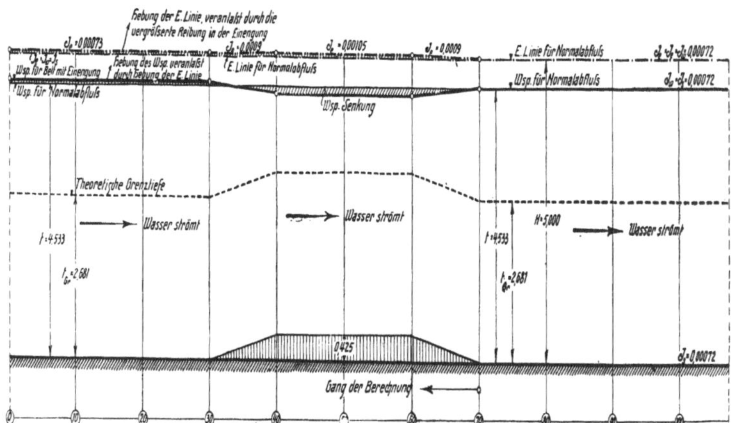

Abb.2. **Fall II. Grenzfall.** Die Berechnung ist auf die bisherige Art gerade noch durchführbar. Der Fließzustand des Wassers bleibt noch unverändert. Der Wasserspiegel berührt die theoret. Grenztiefe im kritischen Querschnitt von oben.

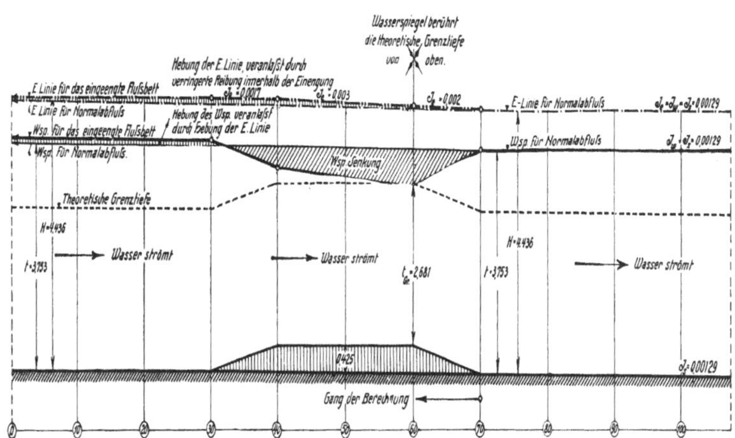

Abb.3. **Fall III.** Die Berechnung ist auf die bisherige Art nicht mehr durchführbar. Der Wasserspiegel durchschneidet die theoretische Grenztiefe. Das Wasser muß seinen Fließzustand ändern.

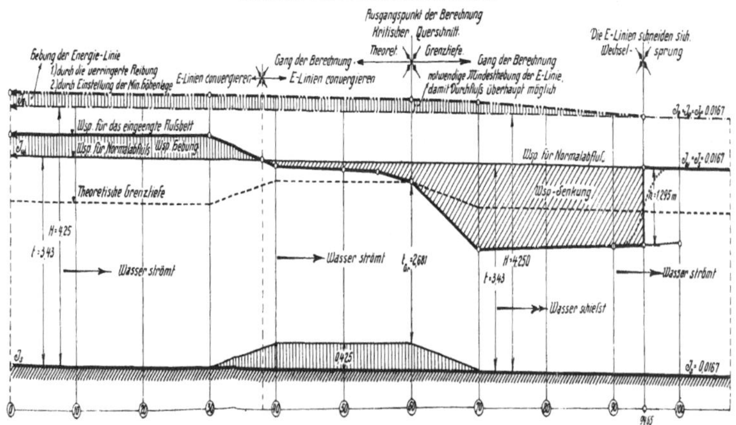

Berechnete Beispiele für die Abflußmöglichkeiten bei schießendem Normalabfluß von $Q=550$ cbm/Sek innerhalb einer Flußbetteinengung für ein rechteckiges Bett von 40m Sohlenbreite und einem Rauhigkeitsbeiwert von $n=0,0202$.
Die Änderung der Reibung durch die Einengung bleibt unberücksichtigt.

Längen 1:625. Höhen 1:125. (5 fach verzerrt).

Abb.1. **Fall I.** Die Berechnung ist auf die bisherige Art ohne weiteres durchführbar. · Der Fließzustand des Wassers bleibt unverändert.

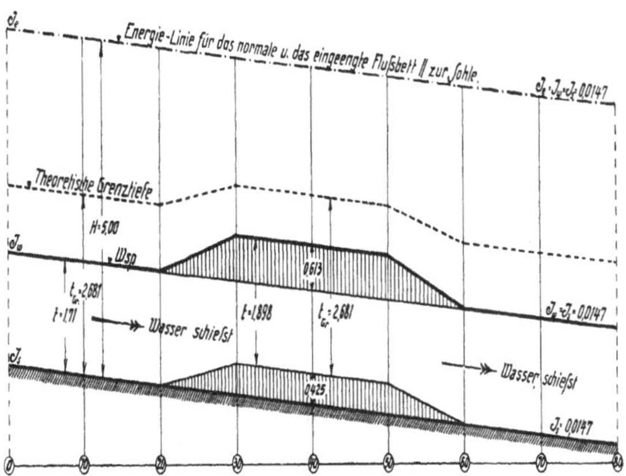


Abb.2. **Fall II.** **Grenzfall.** Die Berechnung ist auf die bisherige Art gerade noch durchführbar. Der Fließzustand des Wasser bleibt noch unverändert. Der Wasserspiegel berührt die theoretische Grenztiefe im kritischen Querschnitt von unten.

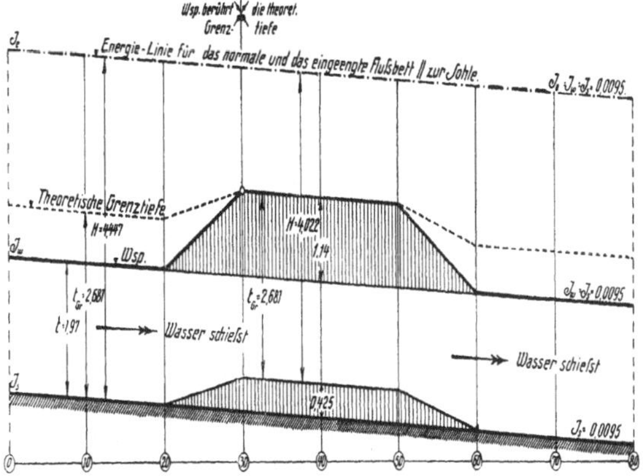


Abb.3. **Fall III.** Die Berechnung ist auf die bisherige Art nicht mehr durchführbar. Der Wasserspiegel durchschneidet die theoretische Grenztiefe. Das Wasser muß seinen Fließzustand ändern.

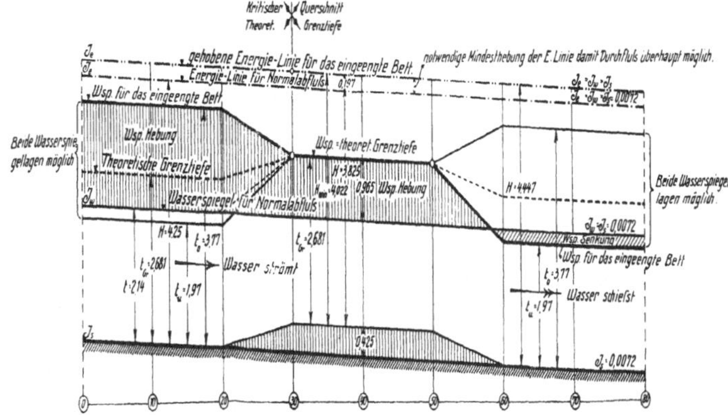

Berechnete Beispiele für Abflußmöglichkeiten bei schießendem Normalabfluß von $Q = 550$ cbm/sec innerhalb einer Flußbett=
einengung für ein rechteckiges Bett von 40 m Sohlenbreite und einem Rauhigkeitsbeiwert von $n = 0,0202$. Die Änderung
der Reibung durch die Einengung ist berücksichtigt.
Längen 1:625; Höhen 1:125 (5 fach verzerrt).

Abb. 1. **Fall I**. Die Berechnung ist auf die bisherige Art ohne weiteres durchführbar. Der Fließzustand des Wassers bleibt unverändert.

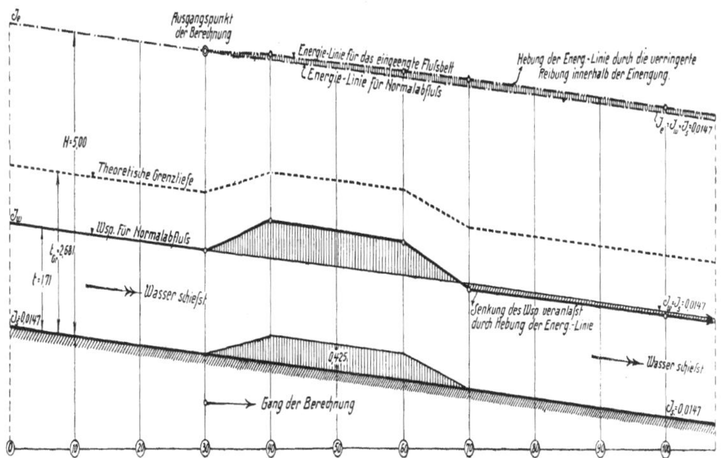


Abb. 2. **Fall II. Grenzfall**. Die Berechnung ist auf die bisherige Art gerade noch durchführbar. Der Fließzustand des Wassers
bleibt noch unverändert. Der Wasserspiegel berührt die theoretische Grenztiefe im kritischen Querschnitt von unten.

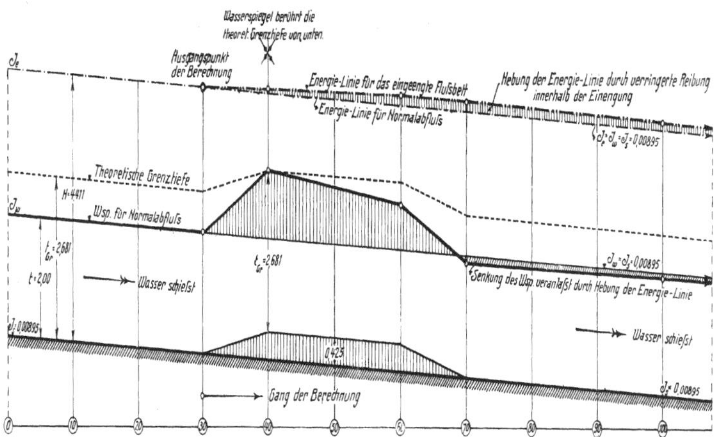


Abb. 3. **Fall III**. Die Berechnung ist auf die bisherige Art nicht mehr durchführbar. Der Wasserspiegel durchschneidet die theoretische
Grenztiefe. Das Wasser muß seinen Fließzustand ändern.

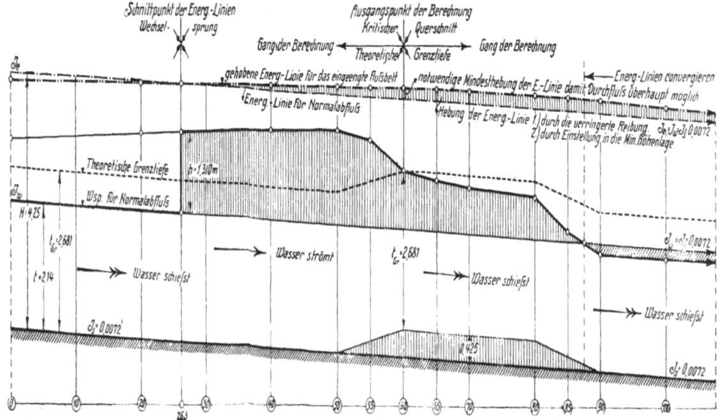

Berechnete Beispiele für eine Querschnittserweiterung in einem rechteckigen Flußbett von 40m Sohlenbreite, einem Rauhigkeitsbeiwert von **n** = 0,0202 beim Abfluß einer Wassermenge von Q = 550 cbm/sec für solche Fälle, bei denen die bisherige Berechnungsweise undurchführbar wurde.

Maßstab der Längen 1:625, der Höhen 1:125 (5 fach verzerrt).

<u>Abb. 1.</u> Der gleichförmige Abfluß ist strömend. Die Wassertiefe im normalen Bett liegt nur wenig oberhalb der theoretischen Grenztiefe.

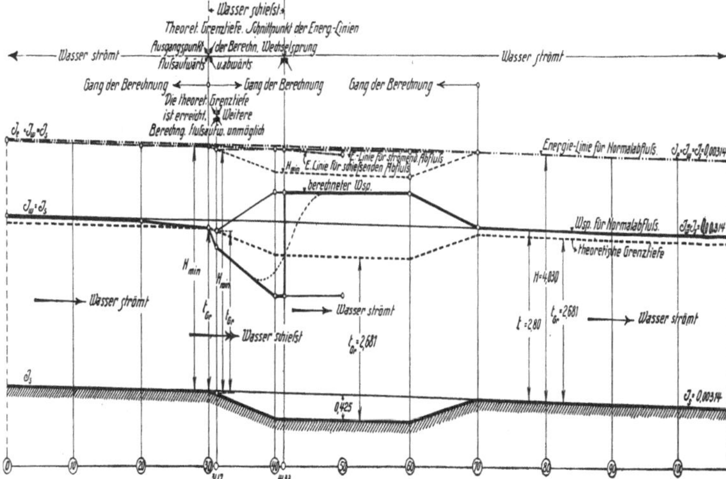


<u>Abb. 2.</u> Der gleichförmige Abfluß ist schießend. Die Wassertiefe im normalen Bett liegt nur wenig unterhalb der theoretischen Grenztiefe.

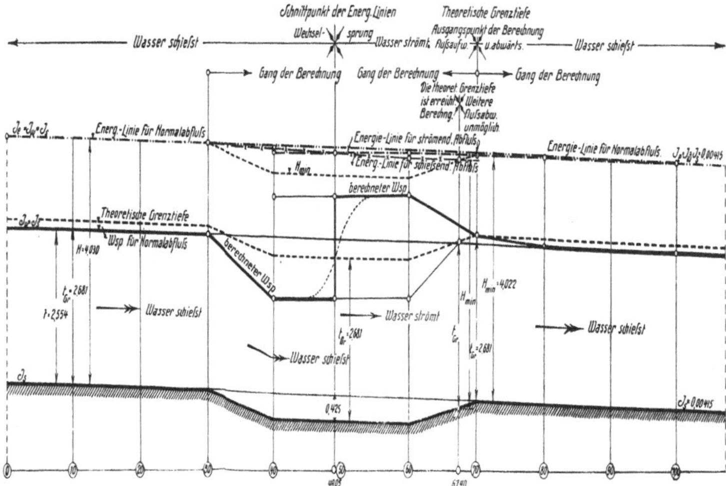

# Vergleich der berechneten Wasserspiegellinien mit Modellaufnahmen.

Längen 1:1250, Höhen 1:125 (10 fach verzerrt).

**Abb. 1** Abfluß von 550 cbm/sec in einem rechteckigen Bett von 40 m Sohlenbreite, einem Sohlengefälle $J_o$=0,002 und einem Rauhigkeitsbeiwert von n=0,0202.

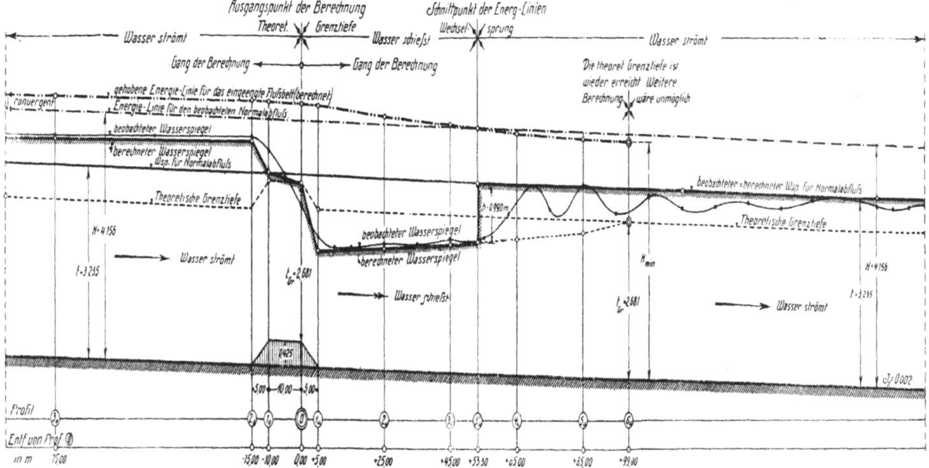


**Abb. 2** Abfluß von 550 cbm/sec in einem trapezförmigen Bett von 34 m Sohlenbreite und Böschungen unter 4:5, einem Sohlengefälle von $J_o$= 0,002 und einem Rauhig-keitsbeiwert von n=0,0176.

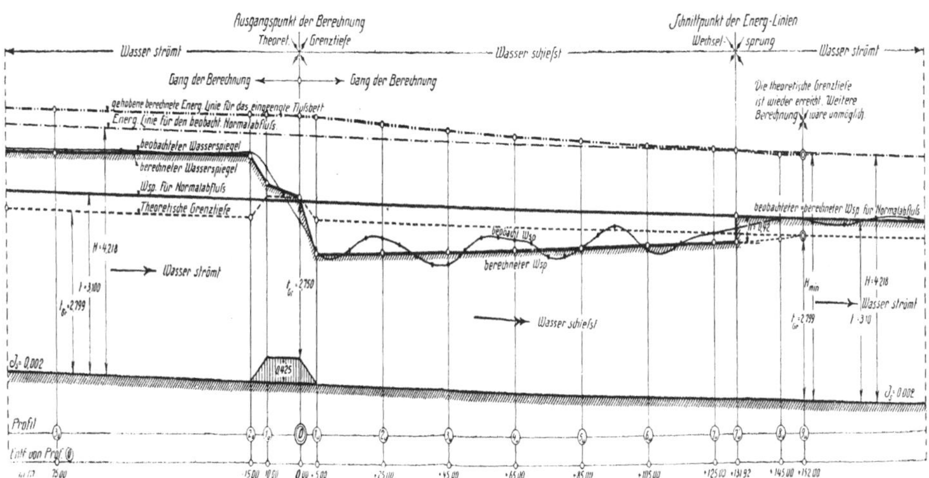

# Vergleich der berechneten Beispiele mit Modellaufnahmen.

**Abb. 1.** Abfluß von 1000 cbm/sec in einem rechteckigen Bett von 40 m Sohlenbreite, einem Sohlengefälle $J = 0,002$ und einem Rauhigkeitsbeiwert von $n = 0,0202$.
Längen 1:1250, Höhen 1:125 (10 fach verzerrt).

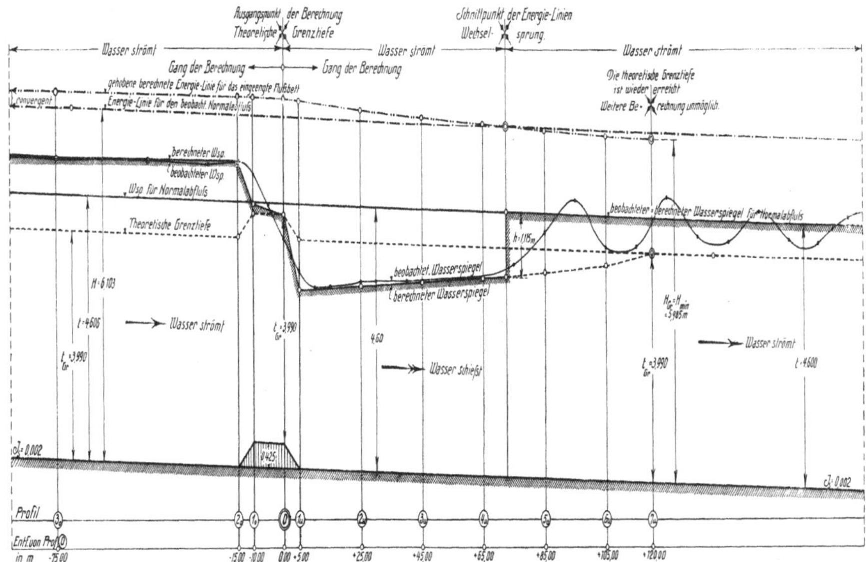


**Abb. 2.** Abfluß von 550 cbm/sec in einem rechteckigen Bett von 40 m Sohlenbreite, einem Sohlengefälle $J = 0,002$ und einem Rauhigkeitsbeiwert von $n = 0,0202$, wenn vor der Flußbett-Einengung künstlich erzeugtes schießendes Wasser auftritt

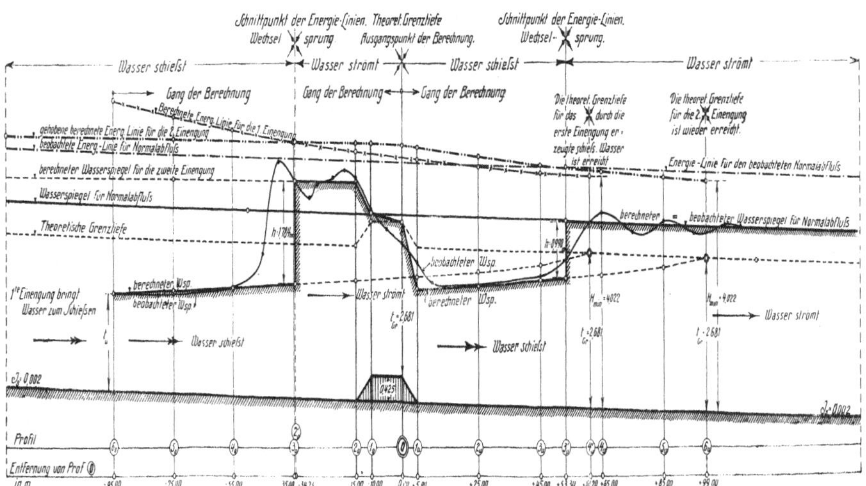